民间巧做私房菜

杨 欢 编著

U0198004

团结出版社

图书在版编目（CIP）数据

民间巧做私房菜 / 杨欢编著 . -- 北京：团结出版
社 , 2014.10（2021.1 重印）
ISBN 978-7-5126-2314-9

Ⅰ . ①民… Ⅱ . ①杨… Ⅲ . ①菜谱 Ⅳ .
① TS972.12

中国版本图书馆 CIP 数据核字 (2013) 第 302496 号

出　　版：团结出版社
　　　　　（北京市东城区东皇城根南街 84 号　　邮编：100006）
电　　话：（010）65228880　65244790（出版社）
　　　　　（010）65238766　85113874 65133603（发行部）
　　　　　（010）65133603（邮购）
网　　址：http://www.tjpress.com
E-mail：65244790@163.com（出版社）
　　　　　fx65133603@163.com（发行部邮购）
经　　销：全国新华书店
排　　版：腾飞文化
图片提供：邴吉和　黄　勇
印　　刷：三河市天润建兴印务有限公司

开　　本：700×1000 毫米　1 /16
印　　张：11
印　　数：5000
字　　数：90 千字
版　　次：2014 年 10 月第 1 版
印　　次：2021 年 1 月第 4 次印刷

书　　号：978-7-5126-2314-9
定　　价：45.00 元

　　随着经济时代的迎面来袭，我们的生活节奏越来越快，我们的时间似乎都被工作占据着，很少会留有一些时间来和家人一起分享，也很少有机会和家人一起享受生活带来的惬意。多数时候，我们连吃饭都很匆忙，而且多以快餐或下馆子来应付了事。所以，能和家人坐在一起，品尝一桌自己精心烹制的菜肴，是多么可贵而又温馨。

　　本书为了让忙碌的人们重新体验生活的乐趣、品味生活的滋味，特从蔬菜、荤肉、水产等几大类中，精心挑选私家菜肴，将其汇编成册。本书中菜品的操作步骤简洁明了，附加需要注意的操作要领，让您更容易上手，更方便掌握菜品的特点，更轻松地烹制出一桌美味菜肴。参照本书学习做菜，只要有心，在短时间内，会让家人倍感惊喜，也会从此成为家人崇拜的"厨神"。另外，书中的每道菜品都有相关的营养功效，让您在制作美味的同时，也获得健康，同时不会让您再为补充某种营养元素但不知做什么菜而发愁，让您有的放矢地选择相关的菜谱，为家人精心奉上一道道色、香、味俱全且满富爱心的菜肴。

　　在烹制菜肴的过程中，我们不仅仅是将各种原料按着顺序烩制在一起，更重要的是体验这个过程，享受这个过程带给自己和家人的乐趣和温馨。酸甜苦辣咸，每一道菜都有独特的味道，而且只有正确把握放置原料的顺序和

 民间巧做私房菜

1

分量，掌握恰当的火候，才能做出一道美味的菜肴。其实，我们的生活不就是一道道菜肴吗？只要掌握住生活的火候，你也可以烹制出属于自己的一道出色的生活菜。

虽然编者力求完美，但由于时间的仓促以及编者的水平有限，书中难免会有疏漏之处，希望能得到您的反馈，我们将及时进行增补、修正。在此，向您表示衷心的感谢。

前言

巧 做私房菜·蔬菜类

目录

Contents

 做私房菜·荤菜类

目录

Contents

 巧 做私房菜 · 水产类

目录

Contents

巧 做私房菜·汤品类

目录

Contents

 巧 做私房菜·主食类

 目录

Contents

★★★★★

巧做私房菜
蔬菜类

★★★★★

南瓜炒芦笋

TIME 10分钟

菜品特点
养胃健肠

> **主料：** 南瓜 400 克，芦笋 150 克
> **配料：** 植物油 30 克，姜汁 20 克，精盐、鸡精各适量

操作步骤

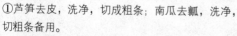

①芦笋去皮，洗净，切成粗条；南瓜去瓤，洗净，切粗条备用。

②烧热植物油，放入芦笋，反复炒动至七成熟，加入精盐、南瓜、姜汁再翻炒。

③南瓜变软时加入鸡精，半分钟后出锅即可。

操作要领

南瓜易熟，易碎烂，所以入锅的时间不可过早。

营养贴士

此菜有养颜美容、滋润肠胃的功效。

视觉享受：★★★★★ 味觉享受：★★★★★ 操作难度：★★

爽胃嫩豆腐

TIME 15分钟

菜品特点
调肠败火

- **主料：** 圆白菜 100 克，豆腐 350 克
- **配料：** 胡萝卜、木耳、西芹、白萝卜各少许，植物油 40 克，香油、姜片、葱花各少许，精盐、鸡精各适量

操作步骤

①圆白菜洗净，切块；豆腐切成正方体块；胡萝卜、白萝卜洗净，切片；木耳泡发洗净，撕成小块；西芹洗净切段。

②锅中放入植物油，待油热，放入姜片、葱花翻炒爆香，倒入适量开水，放入豆腐，加少许精盐。

③用大火烧沸汤后，再倒入圆白菜、胡萝卜、木耳、西芹、白萝卜，继续烧开 5 分钟，加入鸡精，淋上香油，装碗即可。

操作要领

放入豆腐时要小心，不可将其弄破。

营养贴士

此菜有养颜美白、清肠养胃的功效。

- **主料：** 豆腐 1000 克
- **配料：** 豆油 500 克（实耗 100 克），酱油 15 克，白糖 2 克，甘草、姜片各 5 克，葱段 10 克，精盐 15 克，花椒 2 克，八角、桂皮各 3 克，鲜汤 1500 克

操作步骤

①将豆腐切成 5 厘米长、3 厘米宽、1 厘米厚的片。

②锅内放入豆油烧至六成热，将豆腐片放入，炸成金黄色，捞出沥油。

③锅内放入鲜汤，加入各种调味料，烧开后撇净浮沫，离火，放入豆腐卤 5 小时即可。

操作要领

宜选用质地稍老的豆腐。

营养贴士

此菜具有益气和中、生津润燥、清热解毒、止咳清痰、宽肠降油之功效。

视觉享受：★★★★★ 味觉享受：★★★★★ 操作难度：★★

卤虎皮豆腐

TIME 数小时

菜品特点
质地鲜嫩
香甜可口

茄子炒蛋

菜品特点
美味可口
诱人口胃

视觉享受：★★★★★
味觉享受：★★★★★
操作难度：★★

主料：茄子 600 克，鸡蛋 100 克

配料：红椒 30 克，豆油 100 克，料酒 10 克，姜丝、味精、精盐各适量

 操作步骤

①将茄子切片；红椒清洗后切成片，鸡蛋加入料酒打散备用。

②平底锅热后放少许油，放入鸡蛋摊熟，盛出备用。

③换炒锅，倒入豆油，加热后放入姜丝煸香，先后放入红椒和茄子，放盐，翻炒九成熟后放入鸡蛋翻炒，熟后加入味精即可。

操作要领

摊鸡蛋时注意控制火候。

营养贴士

蛋黄含有丰富的维生素 A 和维生素 D，且含有较高的铁、磷、硫和钙等矿物质。

视觉享受：★★★★★　味觉享受：★★★★★　操作难度：★★

怪味烧茄子

TIME 12分钟

菜品特点
酸甜麻辣
香辣可口

主料： 茄子1个

配料： 葱花、姜末、蒜泥、干辣椒各适量，食用油50克，精盐、醋、豆瓣酱、鸡精、蚝油各适量

操作步骤

①干辣椒切段；将茄子洗净，改刀切成条状，无断裂（整个茄子看起来完好无损），保留茄蒂（茄柄）。
②坐锅点火，食用油热后将茄子放入锅内炸熟捞出。
③锅内留油，放入干辣椒煸出香味，加入姜末、蒜泥、醋、鸡精、蚝油、豆瓣酱等搅匀，熬至起泡盛出，倒在茄子上，撒上葱花即可。

操作要领

豆瓣酱依据个人口味酌量添加。

营养贴士

茄子有良好的降低高血脂、高血压，保护心血管，防治胃癌等功效。

主料： 虫草花、丝瓜、枸杞子各适量

配料： 食用油25克，蒜末、蚝油、干贝汁、鸡粉、精盐各适量

操作步骤

①丝瓜去皮后切小段摆在碟中；虫草花及枸杞子用清水浸软。
②锅内放油烧热，加入蒜末，爆香后加入虫草花和枸杞子翻炒，将虫草花和枸杞子铺在丝瓜上，隔水蒸8分钟。
③用之前浸虫草花的水，加入干贝汁、鸡粉、精盐、蚝油各适量放入锅里煮汁，烧开后将酱汁淋在虫草花与丝瓜上即可。

操作要领

枸杞子营养易流失，清洗时宜用凉水。

营养贴士

枸杞子具有滋补肝肾、益精明目的功效。

视觉享受：★★★★★　味觉享受：★★★★★　操作难度：★

虫草花蒸丝瓜

TIME 13分钟

菜品特点
营养丰富

素炒蟹粉

TIME 23分钟

菜品特点
形似蟹粉
味鲜香美

> **主料：** 胡萝卜150克，土豆200克，竹笋、鲜香菇各25克
> **配料：** 花生油50克，香油15克，精盐3克，白糖4克，料酒10克，味精2克，醋5克，姜汁10克，胡椒粉1克

操作步骤

①土豆洗净后上屉蒸熟，取出去皮，与胡萝卜同放案上，用刀剁成泥；冬笋、鲜香菇也剁成泥。

②炒锅上火，放入花生油烧至五六成热，将剁好的泥一起下入，用手勺不停地翻炒至松散，加入精盐、白糖、姜汁、味精、胡椒粉稍炒，再下入料酒、醋炒匀入味，淋入香油装盘即成。

操作要领

炒至原料不粘锅时，才能加入料酒和醋。

营养贴士

土豆对脾胃虚弱、消化不良、肠胃不和、脘腹作痛、大便不畅等症状有显著的改善效果。

视觉享受：★★★★★ 味觉享受：★★★★★ 操作难度：★

炒辣味丝瓜

TIME 10分钟

菜品特点
香辣爽口

主料： 丝瓜 400 克，红辣椒 100 克
配料： 猪油 50 克，蒜末、姜丝、葱丝、料酒、味精、高汤、精盐各适量

操作步骤

①将丝瓜去皮，洗净，切薄片。
②红辣椒去蒂、去籽，洗净，切成菱形片。
③锅放旺火上，下入猪油，油热时将葱丝、姜丝、蒜末一起炝锅，炸出香味；下入丝瓜片、红辣椒翻炒片刻，再放入精盐、料酒、味精和高汤各少许，翻炒均匀收汁即可。

操作要领

炒丝瓜的烹饪难度不高，但火候要控制好，待丝瓜炒至边缘稍软，加入调料炒匀入味后，要立即出锅，否则丝瓜会炒得过老，还会出水、变软和发黄。

营养贴士

丝瓜有清凉、利尿、活血、通经、解毒、抗过敏、美容之效。

主料： 丝瓜 500 克，蘑菇 100 克
配料： 花生油 70 克，精盐、味精、香油、水淀粉各适量

操作步骤

①丝瓜刮净外皮，洗净切成6厘米长的段，剞兰花刀形；蘑菇洗净待用。
②炒锅上火，加入花生油烧至六成热时，下入丝瓜滑油后，即捞出控净油；热锅留余油少许，加入蘑菇煸炒一下，加清水150克烧开，投入丝瓜，加精盐、味精烧至入味后，将丝瓜、蘑菇捞出，装入汤盘内，锅内卤汁用水淀粉做成薄芡，淋入香油，淋在丝瓜上面即可。

操作要领

切丝瓜时需要熟练的刀工。

营养贴士

此菜具有通乳止咳、养颜美容、清热解毒的食疗效果。

视觉享受：★★★★★ 味觉享受：★★★★★ 操作难度：★★

滚龙丝瓜

TIME 12分钟

菜品特点
鲜香味美

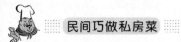

 苦瓜煎蛋

视觉享受：★★★★
味觉享受：★★★★
操作难度：★

TIME 10分钟

菜品特点
色泽鲜亮

● 主料：苦瓜 250 克，鸡蛋 200 克
● 配料：食用油 100 克，精盐、味精各适量

 操作步骤

①把苦瓜对半切开后去掉内芯，切成薄片；鸡蛋打散放入精盐、味精调味。
②锅中倒入适量的油，把苦瓜炒至八成熟盛出备用。
③锅中再倒入较多食用油，油沸后放入苦瓜，翻炒至熟；待锅中油汤再次烧开后将苦瓜干铺锅底，倒入调好的鸡蛋液，待鸡蛋液变色，凝固即可出锅。

● 操作要领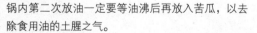

锅内第二次放油一定要等油沸后再放入苦瓜，以去除食用油的土腥之气。

☞ 营养贴士

此菜具有降血糖、血脂、抗炎等作用。

视觉享受：★★★★★ 味觉享受：★★★★★ 操作难度：★★

杭椒炒藕丁

TIME 12分钟

菜品特点
味道鲜美
色泽鲜艳

⊙ **主料：** 莲藕 400 克，青杭椒、红辣椒各 75 克

⊙ **配料：** 食用油 75 克，精盐、味精、生抽、胡椒粉、鸡精各适量

❂ 操作步骤

①莲藕去皮切丁，用清水洗两遍；青杭椒、红辣椒切成小圆圈。

②热锅凉油，先炒杭椒，五成熟后加 20 克生抽提味，然后放入红辣椒、藕丁和精盐，翻炒 3 分钟后加入味精、胡椒粉、鸡精调味，至熟出锅即可。

❄ 操作要领 ◀◀◀

莲藕切成丁后一定要再洗两遍以去泥沙。

☞ 营养贴士

莲藕具有清热生津、凉血止血等作用。

⊙ **主料：** 莲藕 400 克，熟大米饭 300 克

⊙ **配料：** 姜末、辣豆瓣酱、酱油、五香粉、胡椒粉各适量

❂ 操作步骤

①熟大米饭包上保鲜膜放置到冰箱冷冻一晚上，然后拿出冻米饭敲碎；藕切成薄片备用。

②在碗里分别加入姜末、辣豆瓣酱、酱油、胡椒粉、五香粉，拌匀，腌渍 15 分钟入味。

③倒入打碎的米饭拌匀，涂在切好的藕片上。

④蒸锅烧开水，放入藕片，大火焖蒸 10 ~ 15 分钟即可。

❄ 操作要领 ◀◀◀

米饭一定要冻成硬质颗粒后再敲碎。

☞ 营养贴士

此菜具有调阴养颜的作用。

视觉享受：★★★★★ 味觉享受：★★★★★ 操作难度：★★

粉蒸藕片

TIME 40分钟

菜品特点
韶嫩爽口

咸酥藕片

视觉享受：★★★★★
味觉享受：★★★★★
操作难度：★★

TIME 15分钟

菜品特点
脆嫩爽口

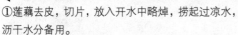

● 主料：莲藕 500 克
● 配料：面粉、淀粉、葱花、植物油、精盐、鸡精、黑胡椒粉各适量

操作步骤

①莲藕去皮，切片，放入开水中略焯，捞起过凉水，沥干水分备用。

②面粉、淀粉以 2：3 的比例，加入清水和精盐各适量，调成面糊。

③将藕片均匀地裹上面糊，放入油锅中炸至两面金黄色捞出沥油，然后加精盐、鸡精、黑胡椒粉，快速拌匀，撒上葱花即可。

操作要领

焯莲藕时间不能过长，否则影响口感。

营养贴士

此菜具有补益十二经脉血气，平体内阳热过盛、火旺的作用。

视觉享受：★★★★★ 味觉享受：★★★★★ 操作难度：★

辣炒葫芦瓜

TIME 15分钟

菜品特点
鲜美开胃

⊃ 主料： 葫芦瓜 450 克

☛ 配料： 食用油 50 克，红辣椒、葱花、酱油、精盐、味精各适量

🥢 操作步骤

①将葫芦瓜去皮、籽，洗净切成薄片；红辣椒洗净切圈。

②食用油烧热后放入红辣椒爆香，加入葫芦瓜，煸炒均匀，然后加入精盐、酱油，翻炒均匀，加入味精，炒熟后加入葱花即可。

🔥 操作要领

此菜选用小红辣椒为宜。

👉 营养贴士

此菜具有消热解毒、润肺利便的功效。

⊃ 主料： 芋头 300 克，扁豆 200 克

☛ 配料： 食用油 70 克，青蒜、酱油、精盐、味精各适量

🥢 操作步骤

①扁豆撕去两边的老筋，洗净切块；芋头去皮洗净，切块。

②锅里倒植物油烧热，放入扁豆和芋头煸炒。

③放入适量水和精盐，先煮一小会儿。

④随后加酱油、味精，煮至软烂，加入青蒜即可。

🔥 操作要领

生扁豆具有毒性，所以扁豆一定要焖熟。

👉 营养贴士

扁豆具有健脾化湿的功效；芋头具有益脾胃化痰的功效。

视觉享受：★★★★★ 味觉享受：★★★★★ 操作难度：★★

芋头烧扁豆

TIME 20分钟

菜品特点
色泽鲜艳

双冬素鳝丝

TIME 20分钟

菜品特点
外焦内软
鲜美可口

主料： 冬菇 200 克，冬笋 300 克，红菜椒 80 克

配料： 食用油 100 克，姜 20 克，鸡精、水淀粉、大葱、香油、精盐各适量

 操作步骤

①冬菇去蒂、洗净，切丝，然后加水淀粉、精盐腌渍 10 分钟，即成素鳝丝；冬笋去外皮、老根，洗净切丝备用；红菜椒、大葱、姜洗净切丝。

②锅中倒入食用油加热后，将素鳝丝下锅滑炒至熟，捞出；用清水、鸡精、水淀粉、香油调成芡汁，投入素鳝丝拌匀。

③锅内重新倒入食用油，放入素鳝丝，煸炒到酥香，然后放入冬笋丝、红椒丝、姜丝、精盐，翻炒至熟，放入盘中，撒上葱丝即可。

操作要领

锅中放入素鳝丝之前，应荡起热油光锅，以免素鳝丝粘锅。

营养贴士

此菜对食欲减退、少气乏力的症状有良好的食疗作用。

酸辣鲜蚕豆

视觉享受：★★★★★ 味觉享受：★★★★★ 操作难度：★

TIME 20分钟

菜品特点
甘香可口

主料： 鲜蚕豆 300 克
配料： 食用油 70 克，香葱、红辣椒、蒜末、精盐、味精各适量

操作步骤

①蚕豆去壳、洗净；红辣椒洗净切碎；香葱洗净切圈。
②锅中加入食用油烧到六成热，放入红辣椒，炒至五成熟后加入蚕豆均匀翻炒。
③在蚕豆中加入精盐，淋入 200 克左右的清水，加盖用中火焖 5 分钟，然后放入蒜末、香葱等调料拌匀即可。

操作要领

蚕豆焖煮几分钟后更易去壳。

营养贴士

蚕豆含蛋白质、碳水化合物、粗纤维、磷脂等多种矿物质，有利身体健康。

主料： 野山笋 400 克，青椒 100 克
配料： 食用油 70 克，红椒、干红辣椒、味精、精盐、鸡精、高汤各适量

操作步骤

①野山笋洗净，控水后切成长 10 厘米、宽 1 厘米、厚 0.3 厘米的条；青椒去籽洗净，切丝；干红辣椒洗净切段；红椒切丝。
②锅内放入食用油，烧至七成热，下入野山笋，用小火煸炒 1 分钟，入高汤小火煨 5 分钟，用精盐、味精、鸡精调味，出锅盛出，备用。
③锅内剩油烧开后先后加入干红辣椒、红椒丝、青椒丝，炒至五成熟时加入炒好的野山笋翻炒均匀即可。

操作要领

野山笋种类较多，有的具有麻、苦之味，在下锅之前需要用开水焯煮。

营养贴士

笋里面有谷氨酸类，是补充身体元素的佳品。

视觉享受：★★★★★ 味觉享受：★★★★★ 操作难度：★★

干锅野山笋

TIME 10分钟

菜品特点
色泽红亮

黄豆拌雪里蕻

TIME 30 分钟

菜品特点
营养丰富

视觉享受：★★★★★
味觉享受：★★★★★
操作难度：★

主料： 腌好的雪里蕻 300 克，黄豆 150 克

配料： 食用油 70 克，干红辣椒、香油、味精、精盐各适量

操作步骤

①将腌好的雪里蕻切成黄豆粒大小的丁，用开水烫过，投凉备用。

②黄豆开水煮熟备用。

③锅中倒入食用油加热，放入干红辣椒炸香，倒入黄豆、雪里蕻，加入精盐、味精、香油拌匀即可。

操作要领

腌好的雪里蕻里面含有盐分，所以此菜的精盐应酌量添加。

营养贴士

此菜有清凉去火、健胃消食的功效。

视觉享受: ★★★★★ 味觉享受: ★★★★★ 操作难度: ★★

姜醋烧茄子

TIME 25分钟

菜品特点
酱香浓郁

主料: 茄子450克

配料: 食用油100克, 辣椒酱、香油、醋、姜末、精盐、味精、蒜泥、葱花各适量

操作步骤

①将茄子洗净, 两面交叉剞上刀花, 再切成块。

②锅内放入食用油烧至六成热下入茄子炸透捞出; 锅内留底油30克, 下入姜末略炒, 放入辣椒酱炒至出红油。

③放入蒜泥及茄子, 加入精盐和味精, 再烹入醋, 再用旺火翻炒均匀, 淋入香油, 出锅装盘, 撒上葱花即成。

操作要领

茄子下锅前切开易氧化, 适宜于凉水中保存。

营养贴士

此菜有清热凉血、散瘀消肿的功效。

主料: 菜花200克, 鸡蛋50克

配料: 食用油60克, 盐水、椒盐、淀粉、姜末、蒜末、红米椒、香油各适量

操作步骤

①菜花掰开用盐水浸泡洗净; 鸡蛋打入碗中加入淀粉打散成蛋糊; 红米椒洗净切末备用。

②锅中倒入食用油, 烧至六成热, 将菜花裹上鸡蛋糊下油锅炸至金黄色捞出。锅中留底油, 爆香姜末、蒜末和红米椒。

③下入菜花, 撒入椒盐, 淋入香油翻炒均匀, 出锅装盘即可。

操作要领

给菜花裹鸡蛋糊时一定要均匀。

营养贴士

此菜可增强牙齿抵抗力, 维持牙齿、骨骼和身体的正常功能。

视觉享受: ★★★★★ 味觉享受: ★★★★★ 操作难度: ★★

椒盐菜花

TIME 20分钟

菜品特点
香脆可口

椒盐花生豆腐

TIME 30分钟

菜品特点
甘香鲜美

视觉享受：★★★★★
味觉享受：★★★★★
操作难度：★

> **主料：** 豆腐 500 克，花生米 70 克
>
> **配料：** 食用油 100 克，椒盐、红辣椒、葱花、精盐各适量

操作步骤

①豆腐切成长块，用少许精盐腌 15 分钟；花生米去皮、炒熟、捣碎备用。

②将食用油烧到七成热，倒入豆腐，炸到两面金黄捞起。

③锅内留少许油，放入红辣椒、椒盐、葱花炒香后加入捣碎的花生米，然后再倒入炸好的豆腐翻炒均匀就可以装盘了。

操作要领

花生米用开水浸泡后更易去皮。

营养贴士

花生有促进人的脑细胞发育的功效。

视觉享受：★★★★★　味觉享受：★★★★★　操作难度：★★

水煮鲜笋

TIME 25分钟

菜品特点
香脆可口

⊃ 主料：绿竹笋500克

⊃ 配料：海带芽10克，干昆布10克，生抽10克，精盐4克，辣椒酱、植物油各适量

↻ 操作步骤

①绿竹笋煮熟去壳，从中间对切，再各切成三等份块状。

②将笋块放入锅中沸水里，并加入干昆布煮至沸腾，将干昆布捞出，转中小火续煮约10分钟。加入精盐，熄火冷却，加入生抽，让笋块吸收汤汁，5分钟后出盘。

③锅置火上，倒入油烧热，放入辣椒酱翻炒，盛入小碗中，与竹笋一起上桌，蘸辣椒酱食用。

♨ 操作要领

甜豆入沸水烫至呈翠绿色后更易取出豆仁。

☞ 营养贴士

甜豆能益脾和胃、生津止渴、和中下气。

⊃ 主料：四季豆300克，土豆250克

⊃ 配料：食用油70克，干红辣椒、生抽、精盐各适量

↻ 操作步骤

①土豆切条泡在水中以免变色；四季豆洗净切段备用。

②油锅内先后放入干红辣椒和四季豆，待四季豆干炒至变色后加入土豆均匀翻炒。

③待锅内菜变色后加入精盐、生抽调味，再加入适量清水烧至食材熟透即可。

♨ 操作要领

不可将干红辣椒炸得变色，否则会影响菜色。

☞ 营养贴士

土豆有缓解高血压、高血脂、关节疼痛的功用。

视觉享受：★★★★★　味觉享受：★★★★★　操作难度：★★

四季豆炒土豆

TIME 15分钟

菜品特点
色泽鲜艳
香而不腻

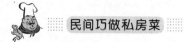

外婆煎春笋

视觉享受：★★★★★
味觉享受：★★★★★
操作难度：★★

TIME 20分钟

菜品特点
口感鲜嫩
香脆可口

● 主料：春笋 350 克，木耳 150 克，芹菜 50 克

● 配料：猪油 100 克，姜丝、干红辣椒、精盐、味精、葱丝各适量

操作步骤

①春笋切片，为增添春笋的香脆度，可顺竹节切下；芹菜去叶洗净，切粒；木耳、辣椒洗净切开备用。

②锅内猪油烧至七成熟，加入笋片煎至金黄色后盛出备用。

③锅内留底油，加入姜丝和辣椒爆香，加入木耳、备用的笋片、芹菜粒；翻炒均匀，加入少量开水焖干；待笋片熟透后加入葱丝等调料即可。

操作要领

春笋不易熟透，开水焖煮时应不时地进行翻炒。

营养贴士

春笋是高蛋白、低脂肪、低淀粉、多粗纤维素的营养美食。

视觉享受：★★★★★　味觉享受：★★★★★　操作难度：★

包炒河粉

TIME 20分钟

菜品特点
鲜辣滑软

主料： 河粉350克，包菜150克，鸡蛋100克

配料： 植物油100克，姜丝、干红辣椒、精盐、料酒、味精、葱丝各适量

操作步骤

①将鸡蛋磕在碗里，放入料酒、精盐，搅散，入锅煎熟，划成小块，盛起备用。

②锅内放底油，油烧热后，放入葱丝、姜丝和辣椒，炒出香味后加入包菜丝均匀翻炒，然后加入河粉。

③河粉炒至八成熟时加入鸡蛋翻炒，放入精盐、味精调味，翻炒均匀即可。

操作要领

河粉和鸡蛋的吸油力较强，所以加油时应稍微多放。

营养贴士

河粉可以补充大脑消耗的葡萄糖，缓解脑部葡萄糖供养不足。

主料： 苦瓜400克

配料： 植物油70克，花椒油、酱油、芝麻酱、白糖、醋、辣椒油、豆豉、精盐、香油、味精、葱末、姜末、蒜末各适量

操作步骤

①将苦瓜去瓜蒂，平剖成两瓣，去瓤后切成粗丝，放入开水锅中焯一下，捞出用凉开水浸凉，拌入精盐、香油。

②炒锅上火，加入植物油烧至五成热，下豆豉炒香，装盘冷却后，斩成细末，放入碗内，加酱油、白糖、醋、味精、葱末、姜末、蒜末、辣椒油、花椒油、芝麻酱等调成怪味汁。

③苦瓜放入盘内，淋上怪味汁拌匀即可。

操作要领

要选用新鲜细嫩的苦瓜。

营养贴士

此菜具有美容、明目、养心的功效。

视觉享受：★★★★★　味觉享受：★★★★★　操作难度：★★

怪味苦瓜

TIME 20分钟

菜品特点
色泽红翠

民间巧做私房菜

煎焖苦瓜

视觉享受：★★★★★
味觉享受：★★★★★
操作难度：★

TIME 20 分钟

菜品特点
香醇可口

- **主料：** 苦瓜 500 克
- **配料：** 花生油 40 克，精盐 8 克，味精 2 克，蒜（白皮）50 克，葱花 10 克，豆豉 10 克，香油、辣椒油各 10 克

操作步骤

①苦瓜切成 4.5 厘米长的段，放入开水锅中焯过，放入冷水，去籽，挤干水分，改成 3 厘米宽的块。

②蒜剥去皮并洗净切片；豆豉用开水泡出味。

③将花生油烧热，下入苦瓜煎至两面呈金黄色；再放入蒜片、精盐、辣椒油、味精、豆豉和水焖入味，

收干汁，放香油和葱花，装盘即成。

操作要领

苦瓜焯水时，要用旺火，以保持鲜嫩。

营养贴士

此菜可以强化毛细血管，促进血液循环，预防动脉硬化。

視覺享受：★★★★★　味覺享受：★★★★★　操作難度：★★

醋溜莲花白

TIME 15分钟

菜品特点
色鮮味美

➡ **主料：** 莲花白 500 克
➡ **配料：** 白糖 15 克，花椒 5 克，醋 20 克，精盐 3 克，味精 6 克，色拉油 40 克，辣椒适量

操作步骤

①莲花白洗净，切菱形片备用；辣椒洗净切段备用。
②炒锅放在火上，下油加热至五成熟，放入辣椒段、花椒爆香，放入莲花白翻炒，加入精盐、白糖炒至断生，放入味精、醋调味，翻炒均匀即可。

操作要领

醋的挥发性较强，不宜过早放入。

营养贴士

此菜具有健脾开胃、清热解毒、防癌抗癌的功效。

➡ **主料：** 芥蓝 400 克
➡ **配料：** 葱、姜、精盐、生抽、白糖、红尖椒各适量，植物油 30 克

操作步骤

①芥蓝洗净，择掉老叶，削皮切成条备用；葱取葱白切丝；姜洗净切丝；红尖椒洗净切丝。
②锅中放入适量水，放入生抽、白糖煮沸制成调味汁备用。
③另取锅放入水，加入精盐与 10 克植物油，放入芥蓝，大火煮沸，捞出，沥干水分，装入盘中。
④将调好的调味汁淋到芥蓝上，摆上葱丝、姜丝、红椒丝；将剩余的油用大火烧热，淋在芥蓝上即可。

操作要领

如果芥蓝较粗，将芥蓝的茎一剖为四，上半部连着叶子较为美观。

营养贴士

此菜特别适合食欲不振、便秘、高胆固醇患者。

視覺享受：★★★★★　味覺享受：★★★★★　操作難度：★★

白灼芥蓝

TIME 15分钟

菜品特点
色泽鲜艳

TIME 15分钟

菜品特点
开胃佳品

白椒泡菜炒米粉

视觉享受：★★★★★
味觉享受：★★★★★
操作难度：★

> **主料：** 白椒泡菜 100 克，米粉 450 克
>
> **配料：** 红椒、蒜粒、洋葱、食用油、辣酱、精盐、白糖、水发紫菜各适量

 **操作步骤**

①锅上火坐水，加入少许的精盐和油，水开后再放入米粉煮熟捞出，控干水分备用；红椒洗净，切丝；水发紫菜撕成丝。

②热锅凉油放入蒜粒、泡菜、洋葱、红椒，加入辣酱、精盐、白糖，调出香味之后倒入煮熟的米粉，搅拌

均匀以后调成大火，炒出干香的口感即可关火出锅。

 **操作要领**

泡菜里面含有盐分，所以加精盐时应当谨慎。

营养贴士

此菜营养丰富，有开胃健脾之功效。

视觉享受：★★★★★ 味觉享受：★★★★★ 操作难度：★★

炸蔬菜球

TIME 40 分钟

菜品特点
美观精致

● 主料： 豆腐 150 克，紫菜 100 克，荸荠 200 克，香菇 60 克，小菠菜 50 克

● 配料： 植物油、精盐、面粉、胡椒粉、生粉各适量，圣女果 1 个

操作步骤

①豆腐用盐水煮 10 分钟，捞出控干水，捣碎，用纱布挤干水；紫菜切碎；荸荠去皮，香菇洗净，两样切碎粒，一起入油锅炒香备用。

②将上述四种材料与少量面粉混合搅拌均匀，并用精盐、胡椒粉调味，用手捏成一个个圆球，外面均匀滚上生粉，放置 10 分钟。

③放入油锅，用中火炸至金黄色，捞出；小菠菜洗净后裹上生粉放入油锅中略炸即刻捞出，铺在碟子上，将炸好的蔬菜球放在菠菜上，旁边点缀圣女果即可。

操作要领

荸荠去皮后易氧化，可置入冷水之中。

营养贴士

荸荠有开胃解毒、消宿食、健肠胃的功效。

● 主料： 大白菜 500 克

● 配料： 红椒 50 克，姜 5 克，葱 10 克、蒸鱼豉油 15 克，味精 10 克，酱油 5 克，精盐 20 克，色拉油 25 克

操作步骤

①大白菜剥成片，每片从中间撕开，切段；红椒、姜、葱都切成细丝。

②蒸鱼豉油加酱油、味精、水烧开制成豉油汁。

③锅内加水放入精盐烧开，下入大白菜，煮至八成熟，取出摆入盘中；把三种细丝放在大白菜上面，并倒入豉油汁。

④锅内下色拉油，烧至八成热时淋在大白菜上面即可。

操作要领

煮白菜的时候，可以先煮一会儿白菜帮，然后再放入白菜叶。

营养贴士

此菜特别适合肺热咳嗽、便秘、肾病患者食用。

视觉享受：★★★★★ 味觉享受：★★★★★ 操作难度：★

油浸大白菜

TIME 25 分钟

菜品特点
鲜美雅致

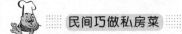

野山椒炝藕片

TIME 20分钟

菜品特点
配辣甘香

视觉享受 ★★★★★
味觉享受 ★★★★★
操作难度 ★★

- **主料：** 莲藕 400 克
- **配料：** 野山椒 30 克，干红辣椒 10 克，花椒、色拉油、精盐、味精各适量

操作步骤

①干红辣椒剪成小段；藕去皮，洗净，切成 2 毫米厚的片，用清水冲洗干净。

②炒锅放在火上，下油加热至五成热，下花椒、野山椒、干辣椒，炒出香味，放藕片、精盐、味精，快速翻炒至藕片断生后起锅装盘即成。

操作要领

野山椒辣性不一，请酌量加减。

营养贴士

此菜具有防暑、补气血之功效。

糖汁南瓜条

视觉享受：★★★★★　味觉享受：★★★★★　操作难度：★

TIME 15分钟

菜品特点
口感软滑

主料： 南瓜 300 克

配料： 枸杞子 30 克，食用油、糖各适量

操作步骤

①南瓜洗净，切条；枸杞子洗净备用。

②将备用的南瓜和枸杞子上蒸锅蒸 10 分钟后盛出。

③起油锅，下白糖，将白糖熬成糖稀，倒在南瓜条和枸杞子上即可。

操作要领

熬白糖时注意控制火候。

营养贴士

此菜具有明目养胃、增强抵抗力之功效。

主料： 红瓤萝卜 400 克

配料： 精盐、白醋、白糖、香油、熟芝麻（黑）各适量

操作步骤

①萝卜去皮切丝。

②白糖和白醋按 1 ：1 的比例调一碗酸甜汁备用。

③将调好的糖醋汁倒入切好的萝卜丝中，加入少许精盐和香油，再撒入黑芝麻拌匀即可。

操作要领

切萝卜丝时最好选用专门的切丝工具。

营养贴士

此菜具有止渴、助消化、枯根通便之功效。

糖醋萝卜丝

视觉享受：★★★★★　味觉享受：★★★★★　操作难度：★★

TIME 12分钟

菜品特点
色泽鲜艳

糖醋苦瓜

TIME 10 分钟

菜品特点
清香爽脆

视觉享受：★★★★★
味觉享受：★★★★★
操作难度：★

主料： 苦瓜 200 克

配料： 精盐、红椒、白糖、白醋、植物油各适量

操作步骤

①苦瓜洗净，去瓤，切成薄片；红椒切片。

②锅中加水烧开，加入少许精盐和几滴油，把苦瓜焯水，然后捞入凉水中。

③冲凉后沥干水分，加入红椒、白糖、白醋和少许精盐搅拌均匀即可。

操作要领

辣椒应选用辣性较弱的那种。

营养贴士

此菜具有提高机体应激能力、保护心脏等作用。

视觉享受：★★★★★ 味觉享受：★★★★★ 操作难度：★★

蒜茸蒸丝瓜

TIME 10分钟

菜品特点
肴香软糯

主料：丝瓜 400 克

配料：食用油、葱、蒜、蒸鱼豉油、精盐各适量

操作步骤

①将丝瓜刮去外皮洗净备用；蒜制成蒜茸，葱切花备用。

②丝瓜切段后切厚片摆入盘中，调入食盐，撒上蒜茸；取一蒸锅坐火加水，锅开后将丝瓜入蒸锅大火蒸 3 分钟出锅。

③将蒸鱼豉油淋在蒸好的丝瓜上，撒上葱花，取一炒锅坐火烧热加入食用油烧至八成热淋在蒜茸上即可。

操作要领

丝瓜应选用较嫩的那种。

营养贴士

此菜具有清凉、利尿、活血、通经、解毒之效。

主料：黄豆芽 300 克，胡萝卜 150 克，白萝卜 100 克

配料：食用油、精盐、菜叶、葱花、干紫椒、姜末各适量

操作步骤

①黄豆芽洗净；胡萝卜、白萝卜洗净切丁备用；菜叶切成小段。

②起油锅，先后加入姜末、干紫椒、胡萝卜丁、白萝卜丁爆炒至六成熟后加入黄豆芽和精盐均匀翻炒。

③出锅之前加入菜叶、葱花等调料即可。

操作要领

黄豆芽水分过于充足，下锅前应沥出水分。

营养贴士

此菜具有益肝明目、利膈宽肠的功效。

视觉享受：★★★★★ 味觉享受：★★★★★ 操作难度：★★

蔬菜炒芽头

TIME 15分钟

菜品特点
美观雅致

青椒豆腐泡

TIME 15分钟

菜品特点
色泽诱人
口感鲜嫩

视觉享受：★★★★★
味觉享受：★★★★★
操作难度：★★

主料：豆腐泡 400 克，青椒 150 克

配料：食用油、干红辣椒、味精、精盐各适量

 操作步骤

①豆腐泡用水冲洗一下；青椒去籽洗净、切块备用。

②往锅中注油，油热时放入干红辣椒，爆香后加入青椒。

③锅内加入豆腐泡翻炒 2 分钟后再用精盐、味精调味，即可出锅。

 操作要领

豆腐泡洗过之后含有很多水分，宜挤出。

营养贴士

此菜有温中散寒、开胃消食的功效。

视觉享受 ★★★★★ 味觉享受 ★★★★★ 操作难度 ★★

酱香茄子

TIME 25分钟

菜品特点
营养丰富
软糯可口

主料： 茄子 500 克

配料： 食用油、红辣椒、味精、精盐、葱花、蒜、辣椒酱各适量

操作步骤

①茄子洗净切块，蒜切碎备用。

②锅中加入食用油，油热后加入红辣椒、蒜碎；再倒入茄子翻炒；待茄子变软后加入精盐，继续翻炒。

③九成熟时倒入辣椒酱调色提味，加水焖一会儿，2分钟后加入味精，撒上葱花即可出锅。

操作要领

茄子炒熟后在体积上会变小很多，请酌情添加分量。

营养贴士

此菜对肝病、心脑血管等疾病的康复具有相当良好的功效。

主料： 酸包菜 250 克，红薯粉 200 克（宽粉条）

配料： 食用油、红辣椒、蒜、洋葱、青蒜叶、酱油、精盐、白糖各适量

操作步骤

①酸包菜切丝；红辣椒和蒜切末；红薯粉泡软；青蒜叶切成斜段。

②起油锅，下蒜末爆炒；先后加入洋葱、包菜、红辣椒、青蒜叶翻炒爆香。

③在锅内加入红薯粉均匀翻炒，最后加酱油、精盐、白糖调味即可。

操作要领

如果包菜咸就少放或者不放精盐。

营养贴士

此菜热量低，是减肥人士的不错选择。

视觉享受 ★★★★★ 味觉享受 ★★★★★ 操作难度 ★★

酸包菜炒粉皮

TIME 20分钟

菜品特点
酸辣可口
别具风味

辣味卷心菜

视觉享受：★★★★★
味觉享受：★★★★★
操作难度：★

 TIME 10分钟

 菜品特点
香脆开胃

> **主料：** 卷心菜 500 克，红薯粉丝 100 克
> **配料：** 酱油、食用油、干红辣椒、葱、精盐各适量

操作步骤

①卷心菜洗净，切块；用开水浸泡粉丝，待松软后捞出；辣椒和葱切丝备用。

②锅中油热后，加入辣椒和葱丝爆香；加入粉丝翻炒 1 分钟后即可加入卷心菜，均匀翻炒至七成熟时加入精盐、酱油。

③出锅前可按个人口味添加调料。

操作要领

如果粉丝较粗，可先用开水焖煮片刻再捞出备用。

营养贴士

多吃卷心菜可增进食欲，促进消化，预防便秘。

视觉享受：★★★★★ 味觉享受：★★★★★ 操作难度：★★

麻辣苦瓜

TIME 12分钟

菜品特点
营养丰富
口味独特

➡ 主料： 苦瓜 400 克

👈 配料： 干红辣椒、蒜末、香油、味精、精盐、辣椒油各适量

🔁 操作步骤

①将苦瓜洗净，去两头，剖两半，去瓤、内膜和籽，放入沸水锅中焯一下。

②捞出用凉水过凉，沥干水分，切片，盛盘。

③辣椒洗净，去蒂和籽，切丝备用。

④将精盐、辣椒油、味精倒入小碗中拌匀，浇在苦瓜上，搅拌均匀，撒上辣椒丝、蒜末，淋上香油即可。

♨ 操作要领 ◀◀◀

辣椒最好选用半干类型的。

👉 营养贴士

苦瓜含有蛋白质、脂肪、钙、磷、铁、胡萝卜素、多种矿物质和维生素。

➡ 主料： 苦瓜 350 克，雪菜 150 克

👈 配料： 食用油、红辣椒、味精、葱、精盐、酱油各适量

🔁 操作步骤

①将苦瓜去瓜蒂，平剖成两瓣，去瓤后切成细丝；雪菜洗净后切成碎末。

②炒锅上火，加入 50 克食用油烧至五成热，放入苦瓜煸炒至变软，再放入雪菜、红辣椒、酱油、葱、精盐，煸炒出香味，撒入味精出锅即可。

♨ 操作要领 ◀◀◀

雪菜含盐量较高，请根据实际情况添加精盐量。

👉 营养贴士

此菜具有清凉解渴、清热解毒、清心明目、益气解乏、益肾利尿的作用。

视觉享受：★★★★★ 味觉享受：★★★★★ 操作难度：★★

雪菜炒苦瓜

TIME 13分钟

菜品特点
健胃败火

香辣卷心菜

TIME 14分钟

视觉享受：★★★★★
味觉享受：★★★★★
操作难度：★

主料： 卷心菜 500 克

配料： 食用油、干红辣椒、味精、葱末、蒜粒、料酒、酱油、精盐各适量

操作步骤

①将卷心菜洗净，切成小块；辣椒洗净切段，备用。

②锅内加食用油烧热，放入干红辣椒炒香；放入卷心菜、料酒、酱油、精盐，用旺火快速翻炒至熟。

③加蒜粒、味精炒匀，出锅前加上葱末即可。

操作要领

卷心菜选用中间部分为佳。

营养贴士

此菜具有和胃调中、开胃醒脾的作用。

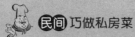民间 巧做私房菜

巧做私房菜
荤菜类

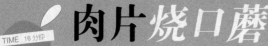 肉片烧口蘑

TIME 16分钟

视觉享受：★★★★★
味觉享受：★★★★★
操作难度：★★

菜品特点
脊嫩鲜美
口蘑爽嫩

主料： 新鲜的口蘑 200 克，猪里脊肉 300 克，青椒、红椒各 100 克

配料： 食用油、精盐、味精、葱丝各适量，酱油 20 克，淀粉少许

操作步骤

①将口蘑洗净，切片；将猪里脊肉洗净切片，用酱油、葱丝和淀粉拌匀腌上待用。

②炒锅里倒入食用油，烧热后，放入青椒、红椒和口蘑略炒，捞出；锅中留底油，放入肉片略炒，再下口蘑、辣椒同炒。

③用精盐、味精调味后即可出锅。

操作要领

将口蘑放入加了精盐的淘米水中，可去其土腥味。

 营养贴士

此菜具有宜肠益气、散血热、解表化痰、理气等功效。

视觉享受 ★★★★★ 味觉享受 ★★★★★ 操作难度 ★★

口蘑蒸羊肉

TIME 20分钟

菜品特点
鲜香可口
营养主富

主料： 羊肉300克，口蘑200克，白菜100克

配料： 食用油、精盐、白糖、酱油、黑胡椒粉、香油、葱花各适量

操作步骤

①将白菜洗净，取其杆茎，切段备用。

②羊肉、口蘑切成片，加酱油、白糖、精盐、黑胡椒粉、香油、葱花拌匀腌渍10分钟。

③将白菜杆茎铺在盘子中，放入腌渍好的羊肉、口蘑，锅开后放入蒸8分钟即可。

操作要领

可根据个人口味适量加入辣椒粉，味道更佳。

营养贴士

此菜具有调节甲状腺、提高免疫力、抑制血清和肝脏中胆固醇上升的功效。

主料： 瘦肉200克，黑木耳100克，青、红辣椒各75克，青蒜30克

配料： 食用油、精盐、味精、豆瓣酱、姜片、白糖、料酒、豆豉各适量，酱油30克

操作步骤

①将瘦肉洗净，切成薄片；青蒜择洗干净，斜刀切成段；青、红辣椒去籽洗净，切块；黑木耳用水泡发撕成小朵。

②炒锅内注食用油烧热，放入肉片过油至肉片卷起略呈黄色，加入精盐、姜片翻炒，再放入豆豉、豆瓣酱、辣椒块、酱油、料酒、白糖、青蒜和黑木耳炒熟。

③用精盐和味精调味后即可出锅。

操作要领

味精可用鸡精代替，或二者俱加。

营养贴士

此菜有宜肠益气、散血热、解表化痰、理气等功效。

视觉享受 ★★★★★ 味觉享受 ★★★★★ 操作难度 ★★

生爆肉片

TIME 25分钟

菜品特点
香味浓郁
肉有嚼劲

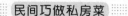

滑炒牛肉片

TIME 25分钟

视觉享受: ★★★★★
味觉享受: ★★★★★
操作难度: ★★

菜品特点
香酥美味

主料: 牛肉 400 克

配料: 葱 100 克，食用油、精盐、蛋清、黄酒、姜丝、生粉、味精各适量，酱油 40 克，水淀粉少许

操作步骤

①将牛肉切成片，加精盐、蛋清、水淀粉上浆；葱洗净切段。

②锅置火上，放入食用油烧至四成热，下牛肉片滑炒至熟，盛出；葱用油烫熟，待用。

③锅内留底油，倒入肉片、葱段，下姜丝，加黄酒，用酱油、精盐、味精调味，用生粉勾芡，炒匀即可。

操作要领

黄酒不宜放入过多。

营养贴士

此菜具有补脾胃、益气血、强筋骨、消水肿等功效。

视觉享受：★★★★★ 味觉享受：★★★★★ 操作难度：★★

小炒黄牛肉

TIME 25分钟

菜品特点
香味浓郁
口感滑嫩

主料： 牛肉350克，芹菜100克，小米椒80克

配料： 食用油50克，姜末、蒜末各5克，酱油10克，淀粉5克，料酒、小苏打各3克，蚝油30克，精盐、鸡精各适量

操作步骤

①牛肉切成薄片，加入淀粉、小苏打、精盐、料酒、食用油拌匀腌渍15分钟；小米椒、芹菜均洗净切粒。

②锅烧热，放入食用油，放入牛肉片炒至变色，捞出沥干油。

③锅内留油，放入姜、蒜末炒香后，再放入小米椒粒、芹菜粒炒香；将牛肉倒入锅中略炒，加酱油、蚝油、鸡精和精盐炒匀即可。

操作要领

牛肉可用醋洗，去其膻味。

营养贴士

此菜具有抗癌止痛、提高机体免疫功能的功效。

主料： 牛肉400克，尖椒80克

配料： 食用油、精盐、料酒、姜丝、胡椒粉、生粉、酱油、鸡精各适量

操作步骤

①牛肉切片，放入精盐、酱油、胡椒粉、生粉、料酒、姜丝拌匀；再加60克食用油拌匀，腌15分钟；尖椒斜切成段，备用。

②油锅烧热，爆香姜丝后，把牛肉放进锅里，迅速滑散；加料酒，翻炒几下；然后加150克清水；七成熟后，盛起备用。

③另起锅放食用油烧热，加入尖椒爆炒；把炒过的牛肉倒进锅中，加50克水；牛肉熟后，加精盐和鸡精调味即可。

操作要领

加入适量红色尖椒色泽更鲜艳。

营养贴士

此菜具有补脾胃、益气血、强筋骨的效果。

视觉享受：★★★★★ 味觉享受：★★★★★ 操作难度：★★

尖椒炒牛肉

TIME 25分钟

菜品特点
香嫩可口

湘卤 手撕牛肉

TIME 30分钟

菜品特点
色泽红润

 主料：牛肉350克

 配料：山楂、桂皮、大料、花椒、香叶、陈皮、良姜、肉蔻、酱油、葱段、酱汁、姜片、芝麻（熟）各适量

操作步骤

①牛肉切片；以山楂、桂皮、大料、花椒、香叶、陈皮、良姜等为垫底，摆上牛肉片，淋上酱汁，放入冰箱一天一夜。

②酱油、葱段、姜片先后入锅；添800克清水烧开；牛肉下锅，复开后蒸煮14分钟。

③煮好放凉后撕成小条，用油锅炸至外表焦脆后，加入葱段和芝麻拌匀即可。

操作要领

卤牛肉时应当撇净浮沫。

营养贴士

此菜对虚损羸瘦、脾虚少食、水肿的患者有良好的改善效果。

视觉享受：★★★★★ 味觉享受：★★★★★ 操作难度：★★

干锅青笋腊肉

TIME 25 分钟

菜品特点
腊味醇香
青笋脆嫩

主料： 腊肉 400 克

配料： 青笋 150 克，黑木耳 5 克，干辣椒 10 克，姜片 5 克，豆瓣酱 5 克，料酒 5 克，蒜片 3 克，生抽 3 克，植物油适量

操作步骤

①将腊肉蒸 10 分钟，切成薄片；青笋去老皮切片；木耳洗净去蒂，撕成小朵；干辣椒切段。

②锅内放油，将腊肉煸炒片刻滤油捞出；然后将姜片、蒜片、干辣椒段放入锅里爆香；再加入豆瓣酱炒出红油；接着将木耳先放入翻炒，再放入青笋，并加生抽和料酒，炒熟；最后放入腊肉炒匀即可。

操作要领

腊肉蒸过后，可以去掉部分油脂和烟熏气。

营养贴士

此菜含糖量少、纤维素多，尤其适合糖尿病人食用。

主料： 牛肉 500 克，鸡蛋 100 克

配料： 植物油 200 克，香油、黄酒、酱油各 5 克，小麦面粉 10 克，五香粉 3 克，味精、精盐各适量

操作步骤

①将牛肉切片，用精盐、酱油、五香粉、味精、黄酒、香油腌 15 分钟。

②把鸡蛋磕入碗内，用筷子搅开，加入面粉，打成蛋糊。

③炒锅置火上，加植物油烧热，肉片沾上鸡蛋液逐片下锅煎制，煎至肉片呈金黄色，酥嫩时捞出，整齐地码在盘内即可。

操作要领

将牛肉片切 0.3 厘米厚为宜。

营养贴士

牛肉中富含大量的维生素 B6 和氨基酸。

视觉享受：★★★★★ 味觉享受：★★★★★ 操作难度：★★

软煎牛肉

TIME 30 分钟

菜品特点
口感酥嫩
滋味鲜美

锅烧牛肉

菜品特点
口感酥嫩
滋味鲜美

赐饼享受：★★★★★
味觉享受：★★★★★
操作难度：★★

➡ **主料:** 牛软肋肉 300 克，鸡蛋 3 个

➡ **配料:** 芝麻油 750 克（实耗 150 克），精盐、豆瓣酱、花椒粉、牛肉汤、姜末、味精各适量，面粉、干淀粉各 50 克

操作步骤

①将牛肉洗净，切条备用；鸡蛋磕入碗内，放入面粉、干淀粉、芝麻油、味精、清水拌匀成糊。

②炒锅置旺火上，下芝麻油烧热，放入豆瓣酱稍炒，加入牛肉条、精盐、姜末、牛肉汤，烧至透味时起锅。

③将烧好的牛肉倒入鸡蛋糊中拌匀。

④锅中下芝麻油烧至五成热，将挂了糊的肉块下锅炸呈黄色，撒上花椒粉即可。

操作要领

此菜若蘸以牛肉汁，其味更佳。

营养贴士

此菜有助肌肉牛长和促伤口愈合之功效。

视觉享受：★★★★★　味觉享受：★★★★★　操作难度：★★

鱼香小滑肉

TIME 15分钟

菜品特点
色泽红亮
肉片细嫩

主料： 猪肉300克

配料： 青椒60克，木耳50克，红尖椒30克，白糖10克，酱油、醋各10克，姜末、葱末、蒜末各10克，精盐3克，味精1克，淀粉25克，清汤、植物油各适量

🥢 操作步骤

①猪肉、青椒、红尖椒切片；猪肉用精盐腌片刻，再用淀粉拌匀；将酱油、白糖、醋、味精、清汤、淀粉混合制成鱼香汁；木耳泡发后撕成小朵。

②锅中油烧至六成热时放入肉片翻炒；然后放入红尖椒、姜末、蒜末、葱末炒香，再放入青椒片、木耳炒匀，倒入鱼香汁翻炒至熟即可。

🌶 操作要领

因肉片滑油过程需要大量的油，需准备植物油100克左右。

👉 营养贴士

木耳富含铁元素，常食木耳能养血驻颜，令人肌肤红润、容光焕发。

主料： 猪耳200克（1只）

配料： 干辣椒皮120克，芹菜60克，精盐、味精、花椒油、植物油各适量

🥢 操作步骤

①猪耳用火略烧后，放入温热水中刮洗干净，再入锅煮熟，捞出切成薄片；干辣椒皮用温水稍泡，沥干水分；芹菜洗净，切成斜段。

②锅中放植物油烧热，倒入猪耳略炒；然后加入干辣椒皮、精盐、味精稍炒；再放入芹菜炒香，淋少许花椒油，炒匀起锅即成。

🌶 操作要领

干辣椒皮的制作是用红椒剪去蒂，顺长度切成块，晒干即成。

👉 营养贴士

此菜具有补虚损、健脾胃的功效，适用于气血虚损、身体瘦弱者食用。

视觉享受：★★★★★　味觉享受：★★★★★　操作难度：★

干辣椒皮炒猪耳

TIME 15分钟

菜品特点
营养丰富
下酒下饭

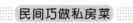

红烧羊尾

TIME 150 分钟

视觉享受：★★★★★
味觉享受：★★★★★
操作难度：★

菜品特点
色泽鲜润
美味可口

▶ **主料：** 羊尾 500 克

配料： 洋葱、白萝卜各 100 克，色拉油少许，精盐适量，生抽 3 克，冰糖 3 克，葱 2 克，姜 1 块，蒜适量，花椒 10 克，料酒 6 克，八角、香叶各 4 克，老抽 6 克

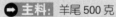 **操作步骤**

①羊尾洗净，焯水后捞出，沥干；洋葱洗净切片；姜、蒜切片；葱切粒。

②锅中油烧热后，放入葱、姜、蒜爆香；放入羊尾、洋葱煸香。

③锅中放入清水，放入白萝卜、料酒、老抽、生抽以及装有大蒜、香叶、八角和花椒的香料包；再放入冰糖；盖上盖，大火煮开后，用小火焖煮至羊尾酥烂，用大火将汤汁收干，放精盐调味，盖上锅盖焖一会儿即可出锅。

操作要领

羊尾焯水时，要打开盖子，以便散发出羊肉中的异味。

营养贴士

羊肉营养丰富，对治疗肺结核、气管炎、哮喘、贫血、体虚畏寒、营养不良等病症都有一定的疗效。

视觉享受：★★★★★　味觉享受：★★★★★　操作难度：★★

红烧羊排

TIME 40分钟

菜品特点
色泽鲜亮
口感酥嫩

主料： 羊排 500 克

配料： 料酒、醋各 3 克，干红椒 10 克，冰糖 2 克，八角、香叶各 2 克，桂皮 1 克，草果 5 克，葱、姜、精盐、植物油各适量

操作步骤

①将羊排洗净，放入装有冷水和醋的锅中，烧开后捞出，洗净，沥干；姜切片，葱切段；干红椒切小段。

②锅中放油，放入敲碎的冰糖，小火炒至其熔化；放入羊排，翻炒均匀；上色后放入料酒炒匀；放入干红椒、八角、桂皮、草果、香叶、姜片、葱段、热水，大火烧开后，舀去浮沫；放入精盐，盖上盖子，小火煮至羊肉酥烂，汤汁收干即可。

操作要领

羊肉焯水时加入少许的醋，可以有效去除膻味。

营养贴士

羊肉性温，可以起到抵御寒冷的作用，是冬季的理想补品。

主料： 羊排 400 克

配料： 杭椒段 100 克，色拉油 200 克，精盐 4 克，味精 3 克，鸡精 2 克，绍酒、醋各 10 克，干辣椒、胡椒粉、花椒、白糖、葱丝、芝麻各适量

操作步骤

①羊排洗净，剁成块，调入精盐、味精、白糖、胡椒粉、绍酒、鸡精腌渍 20 分钟至入味。

②净锅上火，倒入色拉油烧至三四成热，下入羊排炸至肉熟，捞起控净油分待用。

③锅内留底油，下入杭椒段、花椒、干辣椒、葱丝爆香，烹入醋，放入羊排，撒上白芝麻，迅速翻炒均匀即可。

操作要领

若要去除羊排中的血腥味，可在腌渍前用清水浸泡羊排，并多换几次水即可。

营养贴士

羊排补血温经，利于缓解产后血虚、经寒所致的腹冷痛。

视觉享受：★★★★★　味觉享受：★★★★★　操作难度：★★

川香羊排

TIME 60分钟

菜品特点
鲜辣可口

火爆鸭肠

TIME 25分钟

菜品特点
横普菜口

➲ **主料：** 鸭肠 300 克

➲ **配料：** 红椒、青椒各 100 克，姜 10 克，蒜 15 克，葱 20 克，料酒 3 克，胡椒粉、精盐各 3 克，味精 1 克，猪油 50 克，木耳适量

⟳ 操作步骤

①鸭肠洗净切段；红椒、青椒切丝；蒜切片，葱切段，姜切片；木耳洗净撕小朵。

②锅置火上，烧水至沸，放入鸭肠氽泡一下捞出。

③锅内放猪油烧至七成热，放入鸭肠爆炒至卷曲收缩时，沥去余油；放入料酒、姜片、蒜片、葱段、红椒、青椒、木耳翻炒，加味精、精盐、胡椒粉调味，起锅盛入盘中即成。

◈ 操作要领

清洗鸭肠时，可以在水里放少许醋和食盐。

▶ 营养贴士

鸭肠富含蛋白质及多种微量元素，有利于人体的新陈代谢，对神经、心脏、消化和视觉的维护都有良好的作用。

视觉享受：★★★★★ 味觉享受：★★★★★ 操作难度：★

山椒炒鸭肠

TIME 12分钟

菜品特点

软嫩油润
美味适口

主料： 鸭肠300克，山椒70克，青椒80克，洋葱100克

配料： 色拉油、卤汁、精盐、鸡精、胡椒粉、叉烧酱各适量

操作步骤

①鸭肠洗净，放入卤汁中卤熟待用；青椒去籽，洗净切丝；洋葱洗净切丝；山椒切段备用。

②锅内放色拉油烧热，先后下山椒、青椒丝、洋葱爆香；放入鸭肠爆炒至九成熟时，加入卤汁、精盐、鸡精、胡椒粉、叉烧酱调味，起锅盛入盘中即成。

操作要领

挑选呈乳白色、黏液多、异味较轻、具有韧性的鸭肠为宜。

营养贴士

此菜对人体新陈代谢，神经、心脏、消化和视觉的维护都有良好的作用。

主料： 黑山羊肉300克

配料： 油50克，精盐、味精、嫩肉粉各3克，料酒、生抽、红油各3克，香油2克，香菜10克，蒜蓉辣酱5克，水淀粉4克

操作步骤

①将羊肉切成薄片，然后放精盐、味精、料酒、嫩肉粉、水淀粉上浆，入味后下入八成热油锅至熟，倒入漏勺沥净油。

②锅内留少许底油，下入羊肉、蒜蓉辣酱、精盐、生抽、味精炒匀，入味后用水淀粉勾芡，淋红油、香油，出锅盛入垫有香菜的盘中即可。

操作要领

此菜应在热油、旺火的条件下快炒。

营养贴士

此菜具有滋阴壮阳、补虚强体、提高人体免疫力、延年益寿和美容之功效。

视觉享受：★★★★★ 味觉享受：★★★★★ 操作难度：★★

小炒黑山羊肉

TIME 25分钟

菜品特点

香辣可口

滑炒羊肉

TIME 18分钟

菜品特点
色泽鲜艳

视觉享受：★★★★★
味觉享受：★★★★★
操作难度：★★

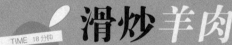

主料： 羊肉500克，胡萝卜100克，白萝卜70克，黄瓜80克

配料： 蒜、油、精盐、葱、姜、胡椒粉、水淀粉、料酒各适量

操作步骤

①羊肉切成片，加入精盐、水淀粉拌匀备用；胡萝卜、白萝卜洗净切条；黄瓜洗净切片；蒜去皮切粒备用；葱、姜切丝备用。

②油锅烧热，放入蒜、葱、姜炝锅；先后加入胡萝卜、白萝卜、黄瓜；三成熟时加入羊肉，大火快速翻炒

3分钟，加入胡椒粉、精盐、料酒调味炒匀即可。

操作要领

此菜应大火爆炒，保持羊肉的口感。

营养贴士

此菜对年老体弱、多病患者有明显的滋补作用。

视觉享受：★★★★★ 味觉享受：★★★★★ 操作难度：★★

港式叉烧肉

TIME 30分钟

菜品特点
色泽红亮
肉嫩鲜香

→ **主料：** 猪梅肉 500 克

→ **配料：** 植物油 100 克，叉烧酱 150 克，葱、姜各 10 克，花雕酒、酱油各 10 克，精盐 5 克

操作步骤

①猪肉洗净后切成大片；葱切段，姜切片。

②将肉片用花雕酒、精盐、葱、姜和酱油腌渍 20 分钟。

③锅中放油，五成热时，转中火，放入肉片炸至变色，表面定型后捞出。

④锅中留底油，爆香腌渍肉片用的葱、姜；然后放入叉烧酱，小火慢炒，出香味后倒入清水，大火烧开；再放入炸好的肉片，转小火慢熬至肉片上色；最后大火收干汤汁，装盘撒上葱花即可。

操作要领

位于肩胛骨中心的梅肉，是猪身上最好的一块肉，有肥有瘦，还最嫩，是制作叉烧的首选原料。

营养贴士

此菜具有补肾养血、滋阴润燥等功效。

→ **主料：** 羊肚 300 克

→ **配料：** 酸白菜、香芹各 50 克，葱末、精盐、生抽、白糖、花椒、蒜末各适量

操作步骤

①羊肚洗净切丝；香芹去叶存茎，切段，过沸水，捞起备用。

②油锅烧热，放入花椒爆香，捞起；下香芹段、酸白菜，1 分钟后放入羊肚，快速均匀翻炒；九成熟时加入精盐、葱末、蒜末、生抽、白糖调味，翻炒至熟后即可出锅。

操作要领

此菜不可炒得太老，否则将影响口感。

营养贴士

此菜特别适宜胃气虚弱、反胃、不食以及盗汗、尿频之人食用。

视觉享受：★★★★★ 味觉享受：★★★★★ 操作难度：★★

芫爆羊肚

TIME 15分钟

菜品特点
香嫩鲜嫩

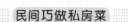

石锅 羊腩茄子

TIME 80分钟

菜品特点
色泽红亮
浓香可口

📍 **主料：** 羊腩 300 克，茄子 500 克，胡萝卜 50 克，青豆、玉米粒各 20 克

📍 **配料：** 老抽、精盐、味精、鸡粉、海鲜酱、柱侯酱各适量，高汤 300 克，葱段、姜片、蒜片各适量，色拉油 700 克（实用 150 克），自制卤水适量

🥄 操作步骤

①羊腩入卤水中，小火卤 40 分钟至熟，取出备用。

②茄子洗净，打蓑衣刀花，放入烧至五成热的色拉油中小火浸炸 3 分钟，捞出控油。

③锅内留油 30 克，烧至七成热时放入葱段、姜片、蒜片小火爆香；放入高汤、胡萝卜、青豆、玉米粒、茄子小火烧开；放入羊腩小火烧 20 分钟，用老抽、

精盐、味精、鸡粉、海鲜酱、柱侯酱调味；出锅装入垫有葱段的锅内即可。

🔖 操作要领

给茄子打蓑衣刀花时，注意控制力度。

👉 营养贴士

此菜冬季食用，可收到进补和防寒的双重效果。

视觉享受：★★★★★ 味觉享受：★★★★★ 操作难度：★★★

冬瓜烩羊肉丸

TIME 25分钟

菜品特点
味道鲜美
健康营养

> **主料：** 羊肉300克，冬瓜200克
> **配料：** 清汤500克，鸡蛋清30克，葱末10克、香菜10克，姜末5克，胡椒粉、鸡精各2克，精盐3克，香油适量

操作步骤

①羊肉剁成肉末，加鸡蛋清、葱末、姜末、胡椒粉、精盐、鸡精搅拌均匀；香菜洗净，切段。

②冬瓜去皮、瓤，洗净，切小块。

③锅内加清汤、冬瓜烧开，将拌好的羊肉馅挤成丸子，入锅煮熟，放精盐、鸡精调味，出锅装碗，加入香油、香菜段即可食用。

操作要领

挤丸子时，左手抹一点植物油，抓一把肉馅，手心慢慢合拢握成拳型，把原料从食指端的拳眼挤出来，看准大小，用大拇指掐断，用右手接住即可。

营养贴士

羊肉具有补精血、益虚劳、温中健脾、补肾壮阳、养肝等功效。

> **主料：** 熟鸭掌200克，小油菜150克，香菇50克，火腿35克，冬笋10克
> **配料：** 香油2克，味精2克，芡粉10克，生抽5克，精盐少许

操作步骤

①将熟鸭掌脱骨；小油菜整棵洗净，每棵纵向剖成四份备用；香菇、冬笋、火腿分别切片。

②鸭掌放在炒锅里，加入适量清水旺火煮沸，加入香菇、冬笋煮加入火腿、小油菜。

③九成熟时用芡粉勾芡；加入精盐、香油、味精、生抽即可。

操作要领

此菜中的小油菜为整棵清洗，一定要清洗干净。

营养贴士

此菜有平衡膳食的作用。

视觉享受：★★★★★ 味觉享受：★★★★★ 操作难度：★★

京东烩鸭掌

TIME 30分钟

菜品特点
味道鲜美

豆豉小银鱼

视觉享受：★★★★★
味觉享受：★★★★★
操作难度：★★

TIME 25分钟

菜品特点
鹏之存劲
口味极特

○ **主料：** 银鱼干300克

○ **配料：** 食用油、豆豉、朝天椒、蒜、酱油、精盐、白糖、蚝油、料酒、香菜各适量

🥢 操作步骤

①银鱼干用清水浸泡15分钟，冲洗干净沥干；朝天椒斜切成丝；蒜剁成茸。

②锅中加入食用油加热，放入蒜和朝天椒炝锅；然后倒入银鱼干翻炒，加酱油、精盐、白糖调味；待银鱼干发白变软，加豆豉，开大火；最后加蚝油、料酒翻炒均匀，出锅盛出，放入香菜点缀即可。

📢 操作要领

银鱼干爆炒容易发苦，所以炒制时应适时适量加入清水。

☞ 营养贴士

此菜有润肺止咳、善补脾胃、利水的作用。

视觉享受：★★★★★　味觉享受：★★★★★　操作难度：★

小炒**鸭掌**

TIME 20分钟

菜品特点
色泽鲜艳

⊃主料： 鸭掌 800 克，青尖椒、红尖椒各 50 克，绿豆芽 30 克，胡萝卜丝 15 克

⊃配料： 鸡精 5 克，精盐 1 克，卤水 1500 克，色拉油 30 克，葱末、姜末、蒜末各 2 克

操作步骤

①鸭掌入沸水中大火氽 2 分钟，捞出污物。

②鸭掌入烧沸的卤水中小火卤 10 分钟，取出去骨，切成丝。

③青尖椒、红尖椒切长 5 厘米的丝；绿豆芽去头去尾，入沸水中大火氽 0.5 分钟，捞出控水。

④锅中倒入色拉油，烧至七成热时放入葱末、姜末、蒜末爆香，入绿豆芽、青尖椒、红尖椒、鸭掌、胡萝卜丝大火翻炒均匀，用精盐、鸡精调味后出锅装盘即可。

操作要领

鸭掌去骨时留下脆嫩的部分更添菜肴的鲜脆之感。

营养贴士

此菜对内分泌系统疾病有辅助治疗的作用。

⊃主料： 鸭肝 300 克

⊃配料： 食用油 60 克，淀粉 40 克，姜、蒜、葱、醋、香油、生抽、料酒、胡椒粉、白糖、酱油各适量

操作步骤

①将鸭肝置入清水中，加少许醋，泡出血水后取出，用生抽、料酒、胡椒粉、淀粉拌匀备用；葱、姜、蒜切末备用；生抽、料酒、白糖调成料汁备用。

②锅中倒入食用油加热、倒入鸭肝，快速滑开，待变色后立即盛出，用淀粉抓匀；锅中加食用油，爆香葱末和姜末；下鸭肝翻炒片刻，加入调好的料汁、蒜末，均匀翻炒至熟。

③关火，加入少许香油即可出锅。

操作要领

为了保证口感鲜嫩，此菜不能在锅中停留时间过长。

营养贴士

鸭肝具有营养保健功能，是最理想的补血佳品之一。

视觉享受：★★★★★　味觉享受：★★★★★　操作难度：★

南煎**鸭肝**

TIME 16分钟

菜品特点
香气浓郁

平锅铁铲鸭

TIME 50分钟

菜品特点
鲜鲜润甜

● **主料：** 鸭肉 800 克，杭椒 100 克，洋葱 30 克

● **配料：** 香菜少许，啤酒 500 克，香粉 10 克，葱末、姜末、蒜末各 15 克，精盐 10 克，鸡精 5 克，熟白芝麻 5 克

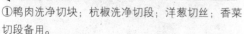

❧ 操作步骤

①鸭肉洗净切块；杭椒洗净切段；洋葱切丝；香菜切段备用。

②锅内红油烧至七成热，放入鸭块小火煸炒至水分将干、肥油溢出时放入杭椒、姜末、葱末、蒜末，中火煸炒爆香，然后倒入啤酒大火烧开，烧开后再改用小火慢炖 40 分钟。

③将炖至成熟的鸭肉放入精盐、鸡精、香粉调味，

大火收汁，放入洋葱、香菜、熟白芝麻作装饰即可。

♠ 操作要领

出锅后加入少许香菜叶，菜色会更美。

☞ 营养贴士

此菜有滋补、养胃、补肾、消水肿、止热痢、止咳化痰等作用。

视觉享受：★★★★★　味觉享受：★★★★★　操作难度：★

湘版麻辣鸭

TIME 20分钟

菜品特点

香辣诱人

主料： 鸭肉 700 克，红椒 100 克

配料： 红油 100 克，姜片、蒜片、豆瓣酱、花椒粉、茶油、精盐、白酒、蚝油、鸡精各适量

操作步骤

①鸭肉切块；红椒切圈。

②坐锅下鸭块先炒干水分，盛出；洗锅烧茶油，下鸭块爆炒，入白酒翻炒均匀盛出。

③锅里余油下红椒圈、姜片炒香；下豆瓣酱，炒出汁后加鸭块一起不停地翻炒使其入味；随后加入精盐、蒜片、红油、花椒粉、鸡精，拌炒匀入味后即可出锅。

操作要领

鸭肉选用未成年嫩鸭仔为佳。

营养贴士

此菜特别适宜于体质虚弱、食欲不振、发热的人。

主料： 咸鸭腿 350 克，香芋 180 克

配料： 植物油 80 克，酱油 20 克，精盐、白糖、胡椒粉、麻油、姜、蒜各适量

操作步骤

①香芋去皮洗净，切厚块备用；咸鸭腿洗净切块；姜、蒜洗净切片备用。

②锅内放入植物加热，爆香姜片、蒜片，加入鸭块均匀翻炒；3 分钟后加水焖煮至八成熟，再加入香芋、精盐、胡椒粉、白糖、酱油翻炒至熟。

③出锅前淋入麻油即可。

操作要领

咸鸭腿里面含有盐分，此菜加精盐量视具体情况而定。

营养贴士

《本草纲目》记载：鸭肉"主大补虚劳，最消毒热，利小便，除水肿，消胀满，利脏腑，退疮肿，定惊痫。"

视觉享受：★★★★★　味觉享受：★★★★★　操作难度：★★

香芋焖咸鸭

TIME 25分钟

菜品特点

既香可口
野味十足

麻辣鸭血

TIME 15分钟

菜品特点
色泽鲜艳

主料： 鸭血 300 克，韭菜 150 克

配料： 食用油 150 克，姜、蒜末、葱花、花椒、干红辣椒、精盐、醋、辣椒油、花椒粉、酱油各适量

 操作步骤

①鸭血洗净，切成块；韭菜洗净，切段；姜去皮洗净切丝；干红辣椒洗净切段备用。

②将鸭血下入沸水锅中汆烫，熟透后捞出，沥干，放入碗中备用。

③锅中加食用油加热，将花椒、姜丝、干红辣椒、蒜末、韭菜、精盐倒入锅中爆香，盛出备用；将醋、葱花、辣椒油、酱油、花椒粉放入碗内调成麻辣味汁。

④食用时将备好的韭菜、麻辣味汁等倒入鸭血中拌匀，装入盘即可。

 **操作要领**

上好的鸭血切开后有很多均匀的小气孔。

营养贴士

鸭血味咸、性寒，能补血、解毒。

视觉享受：★★★★★ 味觉享受：★★★★★ 操作难度：★

小炒脆骨

TIME 40分钟

菜品特点
香脆可口

> **主料：** 脆骨 400 克

> **配料：** 红尖椒 100 克，油 70 克，葱、精盐、卤水各适量

🍴 操作步骤

①脆骨下卤水卤熟后切片；红尖椒洗净，切斜段；葱洗净切段。

②锅内油热后，先后加入红尖椒段、精盐、葱段；炒至九成熟后加入脆骨片，翻炒均匀。

③加少许精盐调味即可。

🍳 操作要领

葱段炒到九成熟时最佳。

👉 营养贴士

脆骨非常适合需要补钙的老人和儿童。

> **主料：** 红萝卜 200 克，鸡脆骨 100 克

> **配料：** 冬菇 20 克，清汤 150 克，姜、葱各 10 克，花生油 20 克，精盐、味精、鸡精粉各适量

🍴 操作步骤

①红萝卜去皮切花片；鸡脆骨洗净切块；冬菇切片；姜切片；葱切末。

②烧锅下花生油，放入姜片、葱末炒出香味；加入鸡脆骨煸炒 2 分钟后注入清汤；加入红萝卜煮 15 分钟；再加入冬菇、精盐、味精、鸡精粉，用中火煮 5 分钟，倒入汤碗内即成。

🍳 操作要领

冬菇清洗后水分不宜挤得太干。

👉 营养贴士

鸡脆骨，又称掌中宝，鸡脆骨有丰富的磷、钙，尤其适合中老年人或骨质疏松人群食用。

视觉享受：★★★★★ 味觉享受：★★★★★ 操作难度：★

萝卜煮鸡脆骨

TIME 25分钟

菜品特点
营养丰富
软嫩细滑

TIME 30 分钟

菜品特点
肉质鲜嫩
香气四溢

明炉 西汁牛腩

视觉享受：★★★★★
味觉享受：★★★★★
操作难度：★

> **主料：** 牛腩 500 克，鸡汤 600 克

> **配料：** 精盐、味精、鸡精、白糖、生粉、香料各适量，番茄酱 25 克，胡椒粉 2 克，葱段、姜末、蒜片各 5 克，色拉油 20 克

操作步骤

①牛腩洗净切块，入凉水中大火烧开，打去浮沫，捞出放入高压锅内，放入香料，大火烧开改小火焖 15 分钟，离火备用。

②锅内油热时，入葱段、姜末、蒜片煸香；调入番茄酱小火炒匀，放入鸡汤；加牛腩小火烧 10 分钟，放精盐、味精、鸡精、白糖、胡椒粉调味，再用生

粉勾流水芡，盛入盘中即可。

操作要领

番茄酱可以用西红柿代替。

营养贴士

牛肉是人类每天所需要的铁质的最佳来源。

视觉享受：★★★★★ 味觉享受：★★★★★ 操作难度：★

香辣牛蛙

TIME 25分钟

菜品特点
色泽鲜亮

🔲 **主料：** 牛蛙 500 克

🔲 **配料：** 食用油、精盐、味精、辣椒酱、花椒、黄酒、生粉各适量，山椒 75 克，红椒 80 克

🍳 操作步骤

①牛蛙洗净，切块，用精盐、味精、黄酒腌渍；入味后拌入生粉，备用。

②旺火热油，下入山椒、红椒、花椒爆香，加入牛蛙；牛蛙七成熟时再加入辣椒酱煸炒至熟，加少许盐调味即可。

🥄 操作要领

如果排斥花椒，加入牛蛙之前可将其悉数捞起。

👉 营养贴士

牛蛙是一种高蛋白质、低脂肪、低胆固醇的营养食品。

🔲 **主料：** 牛蛙 450 克

🔲 **配料：** 豆豉酱 50 克，八角、桂皮各 10 克，香叶 5 克，酱油 50 克，味精 15 克，白糖 20 克，葱末、姜末、蒜末、剁椒各适量

🍳 操作步骤

①将牛蛙宰杀，去内脏、洗净、切块，放入开水中烫泡去腥，捞出冲净备用。

②坐锅点火加入清水，放入八角、香叶、桂皮、酱油、味精、白糖、葱末、姜末、蒜末、剁椒煮开，调成酱汤待用。

③将牛蛙放入酱汤中，加入豆豉酱，以小火温煮 10 分钟后再用大火将酱汤收至八分浓，然后将牛蛙取出装盘，最后把剩余的酱汁浇在牛蛙上，即可上桌食用。

🥄 操作要领

豆豉酱香气浓郁，可根据个人口味适量添加。

👉 营养贴士

牛蛙有滋补解毒的功效，消化功能差以及体质弱的人可以用来滋补身体。

视觉享受：★★★★★ 味觉享受：★★★★★ 操作难度：★★

香豉酱牛蛙

TIME 25分钟

菜品特点
豉气浓郁

咸鱼鸡粒烧茄条

TIME 20分钟

菜品特点
口感鲜嫩

 **主料：** 咸鱼、鸡肉各50克，茄子250克

 **配料：** 红椒、香菇、鱼汁、精盐、鸡精、胡椒粉、白糖、色拉油各适量

操作步骤

①茄子洗净、切条，入凉水泡5分钟，去其色素；红椒洗净切碎；香菇洗净切碎；咸鱼、鸡肉洗净切粒。

②锅中油热时，放入红椒炒香，加入咸鱼、鸡粒，均匀翻炒。

③待咸鱼五成熟时放入茄子和香菇，炒至茄子变软，加入鱼汁、精盐、鸡精、胡椒粉、白糖，炒匀；待香菇熟后盛入盘中即可。

操作要领

吸油量较大，后来加入锅中时又不宜再加入冷油，所以在烧咸鱼和鸡粒时应一次性将油放足。

营养贴士

众多医籍明确表明，吃茄子可抗癌、防癌。

视觉享受：★★★★★ 味觉享受：★★★★★ 操作难度：★

麻辣鸡条

TIME 25分钟

菜品特点
色香诱人
口感滑嫩

主料： 鸡腿 800 克

配料： 色拉油 80 克，姜 10 克，料酒 25 克，精盐、酱油、醋、味精、干辣椒、香油、白糖、花椒粉、葱各适量

操作步骤

①将葱洗净切花；姜洗净后，切末；干辣椒切丝备用。

②将鸡腿切成斜条，放入盆内，加入姜末、葱段、料酒，放入锅内蒸熟取出，码入碗中备用。

③在热油锅中放入干辣椒、葱花、姜末炒出香味；加入花椒粉、酱油、白糖、精盐、料酒、醋，烧开后加入味精，浇在鸡块上，淋上香油，撒上葱花即可。

操作要领

切鸡腿时不完全切断更美观。

营养贴士

此菜对虚劳瘦弱、中虚食少、泄泻、头晕心悸有良好的缓解作用。

主料： 鸡腿 500 克

配料： 植物油 700 克（实耗 30 克），精盐、白糖各 5 克，酱油 20 克，葱段 15 克，姜片 8 克，料酒 10 克，红曲粉 10 克，香油适量

操作步骤

①将鸡腿剔去骨头，用刀剞上交叉刀纹，用酱油、精盐、料酒腌渍 50 分钟。

②锅内放入植物油烧至八成热，将鸡腿放入锅里炸至金黄色，捞出沥油。

③锅中留底油，放入葱段、姜片，炒香后加水；加入白糖和红曲粉，烧开后撇净浮沫，放入鸡腿用慢火卤熟，取出晾凉，刷上香油，改刀装盘即可。

操作要领

腌渍鸡腿时一定要加少许精盐，既可吸出败血，还能使鸡腿入味。

营养贴士

此菜对月经不调、产后乳少、消渴、水肿等有良好的缓解作用。

视觉享受：★★★★★ 味觉享受：★★★★★ 操作难度：★

卤鸡腿肉

TIME 60分钟

菜品特点
香脆焦黄

土豆片炒肉

TIME 20 分钟

菜品特点
味道鲜美
复合营养

视觉享受：★★★★★
味觉享受：★★★★★
操作难度：★★

主料： 猪肉 150 克，土豆 100 克

配料： 青椒、红椒各 15 克，野山椒 2 个，植物油、精盐、酱油、姜末、蒜末、味精各适量

操作步骤

①将猪肉洗净焯水切片；土豆洗净切成片焯水；青椒、红椒、野山椒切好备用。

②锅中置植物油，烧至五成热，下姜末、蒜末，炒几下放入野山椒，炒出辣味。

③下猪肉，炒至七成熟时下土豆片、青椒、红椒，放精盐和酱油，起锅前撒上味精翻炒两下即可出锅。

操作要领

土豆片一定要控干水分，炒时火要大，动作要快，这样炒出来的土豆片才好吃。

营养贴士

此菜具有抗衰老的功效。

视觉享受: ★★★★★ 味觉享受: ★★★★★ 操作难度:

双耳蒸花椒鸡

TIME 30分钟

菜品特点
香气浓郁

主料: 鸡腿肉 500 克, 银耳 100 克, 木耳 100 克

配料: 红尖椒末 50 克, 香葱、豆瓣酱、植物油各适量, 精盐、白糖、胡椒粉各 5 克, 料酒、香油、蚝油各 10 克, 老抽 2 克, 淀粉、青花椒各 20 克

操作步骤

①把鸡腿肉切块之后, 加入精盐、蚝油、白糖、胡椒粉、香油、料酒腌渍 15 分钟。

②锅中倒植物油, 烧到七八成热时, 放入豆瓣酱炒香。

③把银耳、木耳放进鸡肉里; 加入炒香的豆瓣酱、老抽、淀粉搅拌均匀。

④腌渍好后摊开装盘入锅, 加入红尖椒末、青花椒, 蒸 10 分钟, 出锅撒上香葱粒, 即可食用。

操作要领

加入青花椒一起蒸味道更美。

营养贴士

鸡腿对小便数频、遗精、耳聋、耳鸣等患者有良好的缓解作用。

主料: 鸡翅 1000 克

配料: 花椒、葱段、干红辣椒、蒜片、精盐各适量, 植物油 800 克 (实用 100 克), 料酒 30 克, 姜片 10 克, 面粉 100 克

操作步骤

①鸡翅洗净并在表面用刀划上几道; 加料酒、精盐、葱段、姜片腌 30 分钟后捞出葱段和姜片, 然后撒上面粉, 抓匀。

②待锅中油沸后下入鸡翅炸, 炸至鸡翅表面呈金黄色捞出, 待用。

③炒锅里留少许油, 烧至五成热时放入干辣椒段、花椒、葱段、蒜片, 爆出香味; 下入鸡翅, 快速炒匀, 入味后即可出锅。

操作要领

拌面粉时不宜撒入过多。

营养贴士

此菜对人体, 尤其是老年人的健康有重大帮助。

视觉享受: ★★★★★ 味觉享受: ★★★★★ 操作难度: ★★

干锅香辣鸡翅

TIME 40分钟

菜品特点
味鲜肉美

平锅螺丝鸡

TIME 35分钟

菜品特点
香辣可口

● **主料：** 土母鸡1只，田螺200克，青辣椒、红杭椒各80克

● **配料：** 香菜段5克，猪油20克，香料（蒜米、豆瓣酱各30克，香菜10克，辣酱25克）适量，鸡精15克，泡椒20克，鲜汤500克，姜15克，花椒10克，蚝油10克

🔄 操作步骤

①土鸡洗净后切块；田螺洗净放入沸水中大火汆2分钟，捞出备用，青、红杭椒切粒，姜切末。

②锅内放入猪油，烧温后放入鸡块、田螺小火煸炒5分钟；加入姜、青杭椒、红杭椒等中火煸炒3分钟；再放入各种调料小火煸炒3分钟至出红油；加入鲜汤烧开后出锅，加入香料，装入高压锅内小火焖10分钟出锅；捞出香料撒上香菜段点缀即可。

🔄 操作要领

田螺应提前放入水中，加香油让其吐净泥沙。

👉 营养贴士

田螺具有清热解暑、利尿、止渴、醒酒的功效。

视觉享受：★★★★★　味觉享受：★★★★★　操作难度：★

杏仁焖鸡

TIME 90分钟

菜品特点
肉质鲜美
色泽鲜亮

主料：母鸡1只，栗子仁200克，杏仁100克，红枣50克，核桃仁20克

配料：料酒、酱油、精盐、白糖、猪油、香油、姜丝各适量

操作步骤

①将杏仁、核桃仁放入熟油锅中炸至金黄色后捞在盘中摊开；将栗子斩成两半待用。

②鸡肉切块；炒锅加入猪油，油温时投进鸡块，煸至皮呈黄色；加入料酒、姜丝、白糖、酱油，烧至黄色；放入红枣、核桃仁；烧沸后移至文火焖烧1小时，加精盐调味，倒入栗子，再焖15分钟。

③出锅前放入香油略拌，撒上杏仁即成。

操作要领

核桃仁、杏仁放在碗内，用沸水烫后容易去膜。

营养贴士

此菜具有温中益气、补精添髓之功效。

主料：鸡肉500克，青椒100克

配料：植物油、辣酱、精盐、葱、蒜、姜、酱油、味精各适量

操作步骤

①鸡肉洗净切块；姜、青椒洗净切片备用。

②烧开清水，把鸡块放入1分钟，捞出。

③油锅烧至七分热，先后放入姜片、青椒、葱、蒜、辣酱，略炒；放入鸡块爆炒。

④待鸡块炒熟放入酱油翻炒；最后加入精盐、味精炒匀即可出锅。

操作要领

爆炒鸡肉时可加少许陈醋提鲜、去腥。

营养贴士

此菜对营养不良、畏寒怕冷、乏力疲劳的人有良好的食疗作用。

视觉享受：★★★★★　味觉享受：★★★★★　操作难度：★

青椒炒白鸡

TIME 20分钟

菜品特点
鲜辣下饭

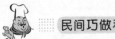

TIME 60分钟

菜品特点
鲜美可口

鸡翅蒸南瓜

视觉享受：★★★★★
味觉享受：★★★★★
操作难度：★

主料： 鸡翅 450 克，南瓜 200 克
配料： 料酒、葱段、姜片、蚝油、精盐、白糖各适量

操作步骤

①鸡翅清洗，切成两段；用料酒、精盐、白糖、蚝油、葱段和姜片将鸡翅腌渍半小时入味；南瓜去皮，切块备用。
②将南瓜和鸡翅装盘；大火蒸 20 分钟至鸡肉熟透即可。

操作要领

为防止将南瓜蒸烂，可将其切得块大一些。

营养贴士

南瓜有润肺益气、化痰排脓、驱虫解毒、疗肺痈的功效。

视觉享受：★★★★★ 味觉享受：★★★★★ 操作难度：★★

香辣田鸡

TIME 40分钟

菜品特点
肉嫩味鲜

主料： 田鸡 500 克

配料： 食用油 80 克，红辣椒 70 克，干辣椒 25 克，花椒、白胡椒、熟白芝麻、姜、蒜、酱油、料酒、淀粉、精盐各适量

操作步骤

①将田鸡洗净、切块，放入酱油、料酒、淀粉腌渍30分钟；干辣椒、花椒洗净备用；红辣椒、姜、蒜切成末。

②将干辣椒、花椒、红辣椒、姜、蒜放入热油锅内炒出香气，然后取其渣留其汁，加入田鸡爆炒，九成熟时添加白胡椒、酱油、料酒、精盐和少许水迅速翻炒。

③出锅前撒入熟白芝麻，拌匀后即可装盘。

操作要领

酱油、白胡椒、料酒不可过早加入，否则此菜的鲜香之味将会大打折扣。

营养贴士

田鸡是大补元气、治脾虚的营养食品，适合于精力不足和各种阴虚症状。

主料： 鸡胸肉 300 克，甜面酱 20 克，干黄酱 15 克

配料： 青椒丝、红椒丝各 80 克，食用油80 克，蒜片 10 克，白糖、料酒、淀粉、香油各适量

操作步骤

①将鸡胸肉去除白膜洗净，切丁，倒入料酒和淀粉搅匀。

②甜面酱、干黄酱、白糖、清水倒入碗中，搅拌均匀成酱汁。

③锅中加入植物油，加热后下蒜片爆香，再倒入鸡丁翻炒两分钟；炒至鸡丁变色，倒入调好的酱汁，不断翻炒，使鸡丁全部裹满酱汁；最后撒入青椒丝、红椒丝，滴入香油即可。

操作要领

甜面酱和干黄酱都有咸度，所以无需再加精盐。

营养贴士

此菜对脾胃阳气虚弱、饮食减少、脘部隐痛的症状有缓解作用。

视觉享受：★★★★★ 味觉享受：★★★★★ 操作难度：★

酱爆鸡丁

TIME 18分钟

菜品特点
酱香浓郁
鲜美可口

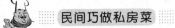

香辣茄子鸡

TIME 55分钟

视觉享受：★★★★★
味觉享受：★★★★★
操作难度：★★

菜品特点
香软可口
味鲜肉美

主料： 茄子300克，鸡腿260克

配料： 食用油100克，料酒、酱油、香醋、红油、豆瓣酱、花椒、葱、姜各适量

操作步骤

①鸡腿清洗切块，加入料酒、酱油腌渍30分钟；茄子洗净切块；葱切花，姜切末备用。

②锅内倒入食用油加热，放入茄子，炸至微黄捞出；鸡腿炸至金黄色，捞出控油。

③锅里留底油，放入花椒、姜末爆香；加入红油、豆瓣酱；放入鸡肉块、茄子块；加料酒、酱油、香醋，10分钟后撒入葱花即可出锅。

操作要领

加入香醋后不宜翻炒，应小火炖制。

营养贴士

茄子有降低高血脂、高血压的功效。

视觉享受：★★★★★　味觉享受：★★★★★　操作难度：★

野山椒煮鸡胗

TIME 25分钟

菜品特点
肉片细嫩
味浓香醇

主料： 鸡胗 400 克，野山椒 150 克

配料： 食用油 70 克，花椒、姜、精盐、白糖、味精、料酒、水淀粉各适量

操作步骤

①鸡胗洗净切片；姜切末备用。

②锅中油五成热时，下入姜末、花椒炒香；下入鸡胗煸炒，约 30 秒后烹料酒，加入白糖、味精、精盐；下入少许清水、野山椒。

③出锅前加少许水淀粉提鲜即成。

操作要领

本菜以咸鲜微辣为好，注意不要放入酱油。

营养贴士

此菜对心脾两虚、面色萎黄、失眠心悸、头昏、健忘的症状有改善的功效。

主料： 西蓝花 250 克，鸡腿 300 克，胡萝卜 80 克，青豆 30 克

配料： 食用油 80 克，生抽、料酒、白糖、精盐、蒜各适量

操作步骤

①鸡腿切丁，加入精盐、白糖、料酒、生抽拌匀腌渍 10 分钟；胡萝卜去皮洗净切丁。

②蒜切末；西蓝花切小朵，用水焯一下。

③锅置火上，放入油，三成热时加入蒜末和鸡丁，炒至鸡丁变色时加入胡萝卜、青豆，加入少许的精盐略炒。

④放入西蓝花、白糖，翻炒均匀，至熟即可。

操作要领

鸡腿去皮、去骨为宜。

营养贴士

西蓝花富含蛋白质、碳水化合物、脂肪、矿物质、维生素 C 和胡萝卜素等。

视觉享受：★★★★★　味觉享受：★★★★★　操作难度：★

西蓝花炒鸡丁

TIME 20分钟

菜品特点
色泽鲜艳

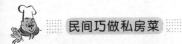

鲜橙鸡丁

TIME 30分钟

菜品特点
色泽鲜艳
鲜美可口

视觉享受：★★★★★
味觉享受：★★★★★
操作难度：★★

● **主料：** 鸡腿 500 克，香橙 60 克，柠檬汁 30 克

● **配料：** 豌豆、山楂、香椿各 5 克，白糖、精盐各 10 克，淀粉 20 克，姜末 15 克，植物油 60 克，胡椒粉、香油各少许

操作步骤

①把鸡腿去骨、去皮后切丁，用精盐、淀粉、胡椒粉腌渍 15 分钟；香橙榨汁，加柠檬汁、白糖兑成甜酸汁备用；豌豆洗净，焯熟；香椿洗净，焯熟；山楂洗净。

②锅中加植物油烧热，滑入鸡肉，待鸡肉变色后捞出控油。

③锅中留底油，将姜末炒香；倒入甜酸汁，烧开；推入鸡丁。

④收干汤汁后加几滴香油即可起锅，然后以豌豆、山楂、香椿、橙皮点缀。

操作要领

热锅温油，倒入鸡肉后应快速滑开鸡肉，使鸡肉柔嫩。

营养贴士

鲜橙汁不但能防病，还能卸妆、洁肤。

视觉享受：★★★★★ 味觉享受：★★★★★ 操作难度：★

香糟鸡丝

TIME 14分钟

菜品特点
鲜嫩香滑

主料： 鸡脯肉300克，熟冬笋75克，香芹梗100克

配料： 红糖30克，黄酒、白糖各10克，精盐3克，淀粉15克，清汤25克，精制油、蛋清各适量

操作步骤

①鸡脯肉切成5厘米长的细丝，加少许精盐拌匀后用蛋清、淀粉调成的蛋糊上浆；冬笋切成4厘米长的丝；香芹梗切段。

②锅中油至四成热时放入鸡丝滑炒至熟；再放入笋丝、香芹段；炒熟后倒出沥油。

③锅留余油，放入红糟略炒，烹入黄酒，加白糖、精盐、清汤，2分钟后放入鸡丝、笋丝、香芹段，迅速翻炒两下即起锅装盘。

操作要领

出锅前可加入葱花作为点缀。

营养贴士

此菜有补脾、滋补血液、补肾益精的功效。

主料： 猪肉500克

配料： 猪油20克，草果、冰糖、桂皮各2克，酱油、黄酒各5克，胡椒3克，花椒10克，八角、精盐各5克，鸡油30克，葱段15克，姜片4克

操作步骤

①将猪肉洗净，切块，用开水煮3分钟，除去血腥捞起。

②在热锅内放入猪油、冰糖煸炒，至糖渣熔化起大泡时下葱段、姜片、精盐、酱油、黄酒等；将胡椒、花椒、八角、草果、桂皮装入香料袋内，放入锅内烧开；去沫后放鸡油，熬成卤水。

③将猪肉放入卤水中烧开，然后改用小火，将肉卤至肉香质烂即成。

操作要领

吃时将卤肉切成片，可淋入少许酱油、麻油。

营养贴士

此菜具有开胃健脾、消食化滞等功效。

视觉享受：★★★★★ 味觉享受：★★★★★ 操作难度：★★

五香卤肉

TIME 45分钟

菜品特点
鲜嫩香滑

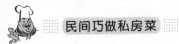

爆炒猪肝

视觉享受：★★★★★
味觉享受：★★★★★
操作难度：★

TIME 25分钟

菜品特点
色泽红润
营养丰富

主料： 猪肝 500 克，洋葱 200 克

配料： 植物油 80 克，精盐、干红椒、料酒、酱油、鸡精、葱丝、姜片、蒜各适量

操作步骤

①清洗猪肝，切片，用料酒、酱油腌 15 分钟；洋葱洗净切片；蒜切碎备用。

②锅置火上，倒入植物油，烧至五成热，加入姜片、红椒、碎蒜爆香，放入洋葱翻炒均匀，洋葱变软时加入猪肝，大火翻炒 3 分钟，加入料酒、酱油、精盐。

③出锅前加入鸡精、葱丝即可。

操作要领

猪肝下锅后要迅速滑开，以免猪肝粘结成块。

营养贴士

猪肝具有营养保健功能，是最理想的补血佳品之一。

视觉享受：★★★★★　味觉享受：★★★★★　操作难度：★★

茶树菇炖肉

TIME | 60分钟

菜品特点
味抑清香
口感极佳

主料： 猪肉300克，茶树菇500克

配料： 花生油30克，料酒15克，酱油20克，白糖10克，葱、姜、精盐、八角、桂皮各适量

操作步骤

①茶树菇去根、洗净；猪肉洗净、切片，用开水焯一下，捞出控水；姜切片、葱切花备用。

②锅置火上，倒入花生油，烧至五成热，放入葱、姜煸炒出香味；放肉煸炒至七成熟，添加料酒、酱油、盐翻炒片刻，放白糖，加水煮熟，倒入电压力锅，放入茶树菇、八角、桂皮，炖40分钟即可。

③出锅前撒上葱花点缀。

操作要领

茶树菇洗净后，最好用热水焯一下。

营养贴士

茶树菇与猪骨或鸡肉一起吃，具有增强免疫力的作用。

主料： 猪肉500克，梅干菜50克

配料： 茶油100克，姜8克，料酒、酱油各8克，精盐2克，味精1克，蒜瓣10克，桂皮5克，香叶6克

操作步骤

①猪肉洗净，随冷水下锅，中火煮15分钟至断生捞出，漂洗干净，沥尽水分，切四方丁；梅干菜泡软再切成粗末；姜切片；桂皮、香叶洗净备用。

②锅中茶油六成热时，将肉块煸炒吐油；下姜块、料酒、酱油大火炒出香味；加精盐、味精、清水、梅干菜中火烧2分钟；盛入垫有桂皮、香叶的钵子中，放蒜瓣拌匀，小火煨1小时即可。

操作要领

猪肉需要下锅煮，去除异味。

营养贴士

梅干菜有解暑热、清脏腑、生津开胃的作用。

视觉享受：★★★★★　味觉享受：★★★★★　操作难度：★

船家烧肉钵子

TIME 100分钟

菜品特点
酒糟可口

农家小炒肉

视觉享受：★★★★★
味觉享受：★★★★★
操作难度：★

TIME 15分钟

菜品特点
色泽红亮
香辣可口

> **主料：** 五花肉 450 克，青椒、红椒各 100 克
>
> **配料：** 葱、姜、蒜、精盐、白糖、醋、酱油、料酒、高汤精、花椒、麻椒、干辣椒各适量

🍲 操作步骤

①将五花肉洗净，切成薄片；青椒、红椒去籽洗净，切成块；葱、姜切丝；蒜切片。

②坐锅点火倒入油，油温时下花椒、麻椒炸香；加入五花肉煸炒 3 分钟，放入干辣椒、葱丝、姜丝、蒜片继续煸炒。

③五花肉煸炒至九成熟时，放入青红椒翻炒至熟，加精盐、料酒、白糖、酱油、高汤精调味，出锅前加少许醋即可。

🔥 操作要领

醋可除去新鲜猪肉的腥味。

📖 营养贴士

此菜具有开胃消食、暖胃驱寒的作用。

视觉享受：★★★★★ 味觉享受：★★★★★ 操作难度：★★

冬笋烧兔肉

TIME 50分钟

菜品特点
肉酥味鲜

⊙ **主料：** 兔肉 500 克，冬笋 50 克，肉汤 1000 克

⊙ **配料：** 花生油 60 克，豆瓣、水豆粉各 50 克，葱段、姜片各 20 克，味精 1 克，精盐 2 克，酱油 20 克

😊 操作步骤

①将兔肉洗净，切成块；冬笋切滚刀块。

②旺火烧锅，放花生油烧至六成熟，下兔肉块炒干水分，再下豆瓣同炒；至油呈红色时下酱油、精盐、葱段、姜片、肉汤一起焖煮；30 分钟后加入冬笋；待兔肉焖至软烂时放味精、水豆粉，收浓汁起锅即可。

😊 操作要领

冬笋使用前宜用开水焯 4 分钟，去其麻、苦之味。

👉 营养贴士

兔肉味甘、性凉，能补脾益气、止渴清热。

⊙ **主料：** 兔排 800 克，米酒 150 克，姜片 100 克，山药 200 克

⊙ **配料：** 葱 50 克，味精、香油、植物油、桂皮、八角、辣椒粉、酱油、精盐、柠檬水各适量

😊 操作步骤

①兔排洗净切段，用柠檬水泡 10 分钟，再用酱油、桂皮、八角、精盐和植物油腌渍 5 分钟；山药去皮切片，葱切段。

②锅内注入植物油加热后加入姜片、葱段炒香；加入兔排爆炒 4 分钟后加入米酒，待酒汁烧干后加入姜片、山药均匀翻炒 1 分钟；加水、桂皮、八角、精盐、酱油、辣椒粉，调味。

③加盖 10 分钟；下香油、味精，收汁装盘即可。

😊 操作要领

出锅前可加少许葱段，既可作为点缀，又能添色增香。

👉 营养贴士

此菜对胃热呕逆、肠红下血的症状有明显的改善作用。

视觉享受：★★★★★ 味觉享受：★★★★★ 操作难度：★★

米酒烧兔排

TIME 35分钟

菜品特点
营养丰富

莴苣焖兔肉

视觉享受：★★★★★
味觉享受：★★★★★
操作难度：★

TIME 20分钟

菜品特点
鲜香味美

主料： 兔肉800克，莴苣300克

配料： 泡椒、泡菜、嫩肉粉、蒜、姜末、花椒、料酒、生抽、精盐、味精各适量

操作步骤

①兔肉洗净切块，用嫩肉粉、料酒腌渍；10分钟后用开水焯过，捞出沥水。

②莴笋切块；泡菜切丝；泡椒切段。

③热油锅先后加入花椒、泡菜、泡椒、姜末、蒜、生抽；炒香后放入兔肉和莴笋翻炒5分钟；加水，放精盐，上盖，焖煮；起锅时放味精即可。

操作要领

锅中加入兔肉前，可将锅中调料去渣留汁。

营养贴士

兔肉的胆固醇含量每100克仅含有60~80毫克，比一般肉类、鱼类低。

视觉享受：★★★★★　味觉享受：★★★★★　操作难度：★★

香辣火锅兔肉

TIME 32分钟

菜品特点
鲜香味美

- **主料**：兔肉1200克
- **配料**：植物油100克，芹菜60克，葱1根，花椒、八角、剁辣椒、蒜瓣、姜末、辣椒酱、酱油、精盐、鸡粉各适量

操作步骤

①兔肉洗净，切块，过水焯一下，沥水；芹菜切小段；葱洗净，葱白切成葱花，葱叶切小段备用。

②锅里油热时，放入花椒、八角、剁辣椒、葱花、姜末、蒜瓣炝锅；加入焯好的兔肉翻炒4分钟；先后加入酱油、辣椒酱、芹菜、温水、精盐，炖煮20分钟；出锅前加入鸡粉翻炒均匀，撒上葱叶段即可。

操作要领

葱叶段也可在出锅后加入。

营养贴士

兔肉有补中益气、治热气湿痹、止渴健脾、去小儿痘疮、凉血解热毒、利大肠的食疗效果。

- **主料**：肥肠300克，大葱80克，蒜苗100克
- **配料**：香油200克，酱油50克，干淀粉30克，水淀粉40克，白糖、味精、姜片、鲜汤各适量

操作步骤

①肥肠洗净切段，加入酱油腌渍10分钟，蘸上干淀粉，使其均匀附着；大葱、蒜苗洗净切段。

②锅中香油八成热时，下入肥肠炸成金黄色，倒入漏勺中沥油；把白糖、味精、酱油、鲜汤、水淀粉放入碗中，调成稀芡汁备用。

③油锅炒出姜片的香味，放入葱和蒜苗，翻炒均匀后，再下入备用的肥肠，迅速颠炒；裹匀芡汁，滴上香油即成。

操作要领

肥肠应翻过来洗净再下锅。

营养贴士

肥肠有润燥、补虚、止渴止血之功效。

视觉享受：★★★★★　味觉享受：★★★★★　操作难度：★★

溜肥肠

TIME 25分钟

菜品特点
外焦内嫩
鲜甜味香

粉蒸肥肠

视觉享受：★★★★★
味觉享受：★★★★★
操作难度：★★

TIME 90 分钟

菜品特点
营养丰富
味道鲜美

○ **主料：** 肥肠 500 克，土豆 20 克

○ **配料：** 花生油、水、酱油 25 克，辣椒粉、胡椒粉各 25 克，干米粉 50 克，辣椒酱 40 克，葱花 5 克，精盐、味精各适量

❖ 操作步骤

①肥肠洗净、切段；土豆去皮洗净，切厚片备用。
②用花生油、酱油、辣椒粉、胡椒粉、干米粉、精盐、味精、油、水拌匀肥肠，待用。
③将土豆片铺在蒸格的底部，上面放上拌好的肥肠，淋上辣椒酱，撒上葱花，蒸 70 分钟即可食用。

🖐 操作要领

蒸前可按个人口味加入其他酱料。

☞ 营养贴士

此菜适宜大肠病变、便血、脱肛、小便频多者食用。

视觉享受：★★★★★ 味觉享受：★★★★★ 操作难度：★★

麻花肥肠

TIME 20分钟

菜品特点
香脆可口

主料： 肥肠 300 克，麻花熟 200 克

配料： 植物油 500 克（实用 150 克），葱 100 克，干红辣椒 60 克，干粉、红油、精盐、糊辣壳各适量

操作步骤

①肥肠洗净，卤制入味，改刀成条状。

②葱洗净切段；麻花改成小段；干红辣椒洗净备用。

③锅中加入植物油烧至四成热时，肥肠拌少许干粉入锅中炸至脆皮。

④净锅加红油、糊辣壳、干红辣椒、葱段炒香；倒入肥肠，加入食盐、麻花炒制入味即可。

操作要领

葱段亦可不炒，最后加入点缀菜色。

营养贴士

感冒期间忌食；因其性寒，凡脾虚便溏者亦忌。

主料： 猪里脊肉 260 克，黑木耳、银耳各 100 克，鸡蛋 2 个

配料： 植物油 100 克，葱 30 克，菠菜 50 克，姜、醋、精盐、生抽、味精各适量

操作步骤

①里脊肉洗净切片；黑木耳、银耳去蒂洗净泡开撕碎；葱、干红椒、姜洗净切末。

②锅加油烧热，炒熟鸡蛋，出锅备用；锅中留油加热，加葱、姜爆香，去渣留汁；加肉片，炒白时先后加入醋、生抽，去腥提鲜。

③先后往锅内加入黑木耳、银耳、精盐、鸡蛋、菠菜，炒熟后加入味精即可。

操作要领

在不排斥的情况下，葱、姜残渣可以不用沥出。

营养贴士

银耳有强精补肾、滋阴润肺、生津止咳、清润益胃、补气和血的功效。

视觉享受：★★★★★ 味觉享受：★★★★★ 操作难度：★★

双耳木须肉

TIME 18分钟

菜品特点
香气浓郁
咸鲜可口

TIME 35分钟

菜品特点
香辣诱人
色泽艳丽

干锅五花肉熏干

视觉享受：★★★★★
味蕾享受：★★★★★
操作难度：★★

➡ **主料：** 五花肉300克，熏干200克，青椒100克，红椒80克

👉 **配料：** 豆瓣酱30克，白酒25克，酱油15克，白糖8克，精盐5克，料酒20克，食用油、葱、姜各适量

🍳 操作步骤

①五花肉切片，加入精盐、料酒腌渍20分钟；熏干、青椒、红椒切长条；葱、姜切片。

②在沸水中放入一部分葱片、姜片、五花肉；焯烫至肉片变白后捞出，用清水洗净。

③坐锅点火上油，放入剩余的葱片、姜片爆香；先后放入五花肉片、熏干炒匀；加豆瓣酱、白酒、酱油、白糖，炒到上色时加入清水，焖至水干；加

入青椒、红椒炒匀即可。

🔥 操作要领

此菜中加入少量黑木耳味道更美。

🥢 营养贴士

熏干含有丰富的蛋白质、维生素A、维生素B、钙、铁、镁、锌等营养元素。

视觉享受：★★★★★ 味觉享受：★★★★★ 操作难度：★

木须肉

TIME 20分钟

菜品特点

味道清新
口感丰富

主料： 鸡蛋150克，干木耳6克，猪肉200克

配料： 植物油100克，精盐5克，酱油3克，料酒10克，姜丝、香油、葱花各适量

操作步骤

①将猪肉洗净切丝；将鸡蛋磕入碗中，用筷子打匀；干木耳加开水泡5分钟，去根撕块备用。

②锅中加植物油，烧热后加入鸡蛋炒散，盛起备用。

③热油锅中放入肉丝煸炒；肉色变白后，加入葱花、姜丝同炒；至八成熟时，加入料酒、酱油、精盐，炒匀后加入木耳、鸡蛋同炒；熟后加入香油、葱花即可。

操作要领

此菜不宜选用肥肉，以纯瘦肉为佳。

营养贴士

黑木耳有清胃、涤肠、防辐射的作用。

主料： 猪肉50克，粉丝75克

配料： 姜5克，花生油50克，辣椒酱30克，料酒、酱油各10克，精盐3克，味精2克，葱10克

操作步骤

①猪肉洗净切末；葱、姜洗净切成末；开水浸泡粉丝备用。

②锅中放花生油烧到温热，放入肉末炒散炒透；放入葱、姜炒出香味；下入料酒、酱油、精盐、清水，烧开；放入粉丝，用中小火烧透入味；下入辣椒酱、味精和葱即可。

操作要领

出锅前可加入番茄丁点缀颜色。

营养贴士

粉丝中含有碳水化合物、膳食纤维、蛋白质、烟酸和钙、镁、铁、钾、磷、钠等矿物质。

视觉享受：★★★★★ 味觉享受：★★★★★ 操作难度：★

肉末烧粉丝

TIME 16分钟

菜品特点

爽口宜人

肉段烧茄子

TIME 15分钟

菜品特点
柔润鲜香

视觉享受：★★★★★
味觉享受：★★★★★
操作难度：★★

▶ **主料：** 茄子600克，猪肉300克

◀ **配料：** 红尖椒，精盐、酱油、醋、葱花、姜末、蒜末、料酒、水淀粉、花椒粉、植物油各适量

🍲 操作步骤

①茄子洗净，切条；猪肉洗净切块，用料酒、精盐、花椒粉腌渍入味，然后用水淀粉抓匀备用。

②锅中油热时下肉末，炸至变色时捞起；油锅中先后下茄子、葱花、姜末、蒜末、红尖椒、酱油、醋、料酒、精盐；茄子至九成熟时下入肉块；用水淀粉勾芡。

③出锅前加入少许葱花即可。

🍴 操作要领

此菜中加入少许耗油，味道会更加鲜美。

👉 营养贴士

茄子含有龙葵碱，能抑制消化系统肿瘤的增殖，对于防治胃癌有一定效果。

视觉享受：★★★★★　味觉享受：★★★★★　操作难度：★

肉末鲜豌豆

TIME 16分钟

菜品特点
色泽鲜葱

➡️ **主料：** 豌豆300克，肉末150克

👉 **配料：** 植物油、酱油、料酒、姜末、精盐各适量

🔄 操作步骤

①肉末里倒入酱油、料酒，搅拌均匀；豌豆洗净备用。

②油锅烧热后放姜末炒出香味；把肉末倒进锅里，炒至肉末变色，把豌豆倒进去，翻炒1分钟。

③往锅中加100克清水、适量精盐，盖上锅盖焖煮90秒；待锅中水分收干后加入个人喜爱的调料即可。

🔄 操作要领

此菜中如果加入少许红杭椒，能够起到增味添色的作用。

👉 营养贴士

此菜对脾虚气弱、吐泻、脾胃不和的症状有良好的改善作用。

➡️ **主料：** 熟白肉300克

👉 **配料：** 食用油70克，豆瓣酱150克，香葱150克，老抽、料酒、姜、精盐各适量

🔄 操作步骤

①熟白肉切片；香葱切段；姜切丝。

②锅中倒入食用油后加入豆瓣酱，小火炒出红油；加入葱、姜，炒30秒后加入白肉快速翻炒；加入精盐、料酒、老抽。

③肉片炒熟后即可出锅。

🔄 操作要领

此菜主要调料是豆瓣酱，所以精盐要少放。

👉 营养贴士

香葱对风寒感冒、痈肿疮毒、痢疾脉微、寒凝腹痛的症状有明显的改善作用。

视觉享受：★★★★★　味觉享受：★★★★★　操作难度：★★

香葱煸白肉

TIME 15分钟

菜品特点
肉嫩味鲜

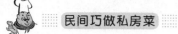

菜品特点
汤汁浓厚
色泽红亮

TIME 18分钟

小炒鳝鱼

视觉享受：★★★★★
味觉享受：★★★★★
操作难度：★★

> **主料：** 鳝鱼450克，青椒、红椒各100克
>
> **配料：** 猪油60克，辣椒酱、豆瓣酱、酱油、葱花、剁椒、蒜、淀粉、姜、香油、料酒、胡椒粉、精盐各适量

 **操作步骤**

①鳝鱼去头洗净、切段；青、红椒洗净，切片；姜、蒜洗净切末备用。

②锅中加入猪油，待热时，先后将鳝鱼段、青椒、红椒入锅爆炒；待鳝鱼爆炒起卷时，放入辣椒酱、豆瓣酱、酱油、姜、盐、剁椒、料酒，合盖焖3分钟后加清水再焖。

③出锅前用淀粉勾芡，撒上蒜末、葱花，淋入香油，撒上胡椒粉即成。

 **操作要领**

鳝鱼应破体清洗。

营养贴士

鳝鱼有益气血、补肝肾、强筋骨、祛风湿的食疗效果。

肉末焖白辣椒

TIME 16分钟

菜品特点
香辣可口

主料： 白辣椒150克，瘦肉200克

配料： 葱花50克、植物油70克，蒜末、酱油、鸡精、精盐各适量

操作步骤

①瘦肉洗净切末，白辣椒切段。

②锅里油热后，放入蒜末爆香；放入肉末炒至变色后加入葱花，加少许酱油、精盐；待肉末八成熟时倒入白辣椒翻炒。

③最后放入鸡精调味即可。

操作要领

白辣椒含有一定量的盐分，此菜加精盐时应酌情处理。

营养贴士

白辣椒具有开胃、驱寒的作用。

主料： 猪肝500克，油菜50克，木耳100克

配料： 植物油200克，香油30克，酱油40克，醋10克，料酒15克，精盐12克，味精8克，白糖25克，水淀粉35克，干淀粉50克，葱、姜、蒜末各10克

操作步骤

①将猪肝剔筋洗净，切片；油菜洗净；木耳去蒂洗净撕小朵。

②将猪肝片加入干淀粉均匀上浆，用热油滑散后捞出沥油，将锅中剩油（如剩量不足，可适量加入）烧沸，先后加入木耳、油菜，煸炒，待油菜六成熟时将之与木耳一起盛出控水。

③将葱末、姜末、蒜末、酱油、料酒、精盐、味精、白糖、醋、水淀粉及清水兑成芡汁，倒入热油锅之中；投入猪肝、油菜、木耳，翻炒均匀，最后淋入香油即成。

操作要领

猪肝上浆前最好用开水洗去死血。

营养贴士

此菜特别适宜于气血虚弱、贫血、常在电脑前工作的人食用。

视觉享受：★★★★★ 味觉享受：★★★★★ 操作进度：★

油菜炒猪肝

TIME 15分钟

菜品特点
鲜嫩爽口
味道香醇

TIME 70分钟

菜品特点
色泽酱红
肉鲜软香

蒜烧排骨

视觉享受：★★★★★
味觉享受：★★★★★
操作难度：★★

> ⊖ **主料：** 排骨600克，蒜50克
>
> ⊖ **配料：** 植物油70克，精盐、香菜、姜、白糖、生抽、老抽、蚝油、鸡粉、料酒各适量

🔄 操作步骤

①排骨洗净切段；姜切片；香菜切段。

②锅里加入植物油，待油热时下排骨翻炒；排骨变色后加入姜片、蒜；炒到蒜和排骨有少许焦黄时加入料酒、精盐均匀翻炒。

③锅内加入热水、白糖、生抽、鸡粉、老抽、蚝油焖煮；待汁干加入香菜即可。

🔥 操作要领

排骨要煎炒到金黄色再加水，这样才酥香。

☞ 营养贴士

排骨富含磷酸钙、骨胶原、骨粘蛋白，特别适宜幼儿、老人、产妇食用。

视觉享受：★★★★★ 味觉享受：★★★★★ 操作难度：★

葱辣蛙腿

TIME 18分钟

菜品特点
香辣甜咸 干香油润

➡ **主料：** 青蛙腿300克，红杭椒50克

➡ **配料：** 花生油500克（实用100克），葱段15克，姜片10克，酱油5克，醋3克，精盐2克，麻油6克，白糖30克，鸡汤50克，绍酒18克，辣椒油8克，熟白芝麻适量

操作步骤

①把蛙腿去小腿部分和连着的脊骨，洗净，加入葱段、姜片、绍酒、酱油腌渍后油炸至熟；红杭椒洗净切段备用。

②热油锅内倒入花生油，待油热后，放入葱段、姜片爆香，放入绍酒、白糖、精盐、酱油、醋、鸡汤、蛙腿和红杭椒焖煮，至汤干时再加入麻油、辣椒油拌匀，整齐地摆入在盘里，撒上熟白芝麻即成。

操作要领

蛙腿选用肥硕的为佳。

营养贴士

青蛙机体中含有多肽类、多种维生素、诸类生物激素、酶和保湿因子。

➡ **主料：** 鸡爪500克

➡ **配料：** 精盐5克，白糖25克，味精4克，葱段、姜片、大料、桂皮、砂仁、花椒、丁香各适量

操作步骤

①将鸡爪洗净，去掉黄皮，剁去爪尖，洗净用沸水烫透备用。

②汤锅置火上，加清水，下精盐、味精、大料、花椒、桂皮、砂仁、丁香、葱段、姜片，旺火烧开；下鸡爪，小火慢煮25分钟，离火浸泡15分钟捞出。

③熏锅置火上，加入白糖；将煮好的鸡爪放在熏锅架上，盖上锅盖，熏至鸡爪表皮呈金黄色即可装盘。

操作要领

因肉质不同，卤制凤爪要用慢火。

营养贴士

此菜肉质细嫩，含铁、锌、锰等微量元素，营养价值较高。

视觉享受：★★★★★ 味觉享受：★★★★★ 操作难度：★

熏凤爪

TIME 70分钟

菜品特点
肉质酥烂

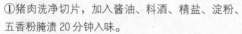
香酥炸肉

视觉享受：★★★★★
味觉享受：★★★★★
操作难度：★★

TIME 35 分钟

菜品特点
口味香酥

> **主料：** 猪瘦肉 300 克，鸡蛋 50 克，面粉 30 克，淀粉 20 克
>
> **配料：** 葱花、食用油、精盐、五香粉、花椒粉、酱油、料酒各适量

操作步骤

①猪肉洗净切片，加入酱油、料酒、精盐、淀粉、五香粉腌渍 20 分钟入味。

②取一个大碗加入面粉、淀粉、鸡蛋；再加入适量的葱花、清水和精盐搅拌均匀，成为面糊备用。

③把腌渍好的肉片放入面糊中裹满面糊，待油锅油烧温热放入肉片；肉片炸至金黄即可。

操作要领

肉片粘上大葱碎末一起下油锅，味道更佳。

营养贴士

此菜具有补虚强身、滋阴润燥、丰肌泽肤的作用。

视觉享受：★★★★★ 味觉享受：★★★★★ 操作难度：★★

肉酱莴笋丝

TIME 16分钟

菜品特点

营养丰富
酸爽爽口

主料： 莴笋300克，香菇80克，鲜肉100克，鸡蛋1个

配料： 油、精盐、酱油、湿淀粉各适量

操作步骤

①莴笋去皮洗净切丝；香菇洗净切丁；鲜肉洗净剁末。

②油锅热时放入莴笋丝，大火快速炒熟，加精盐调味出锅摆盘。

③另起锅热油，放入香菇丁、肉末迅速炒散；加精盐、酱油翻炒均匀，用湿淀粉勾薄芡做成杂酱，盛在莴笋丝的中央。

④最后磕入生鸡蛋黄，吃的时候拌匀即可。

操作要领

莴笋摆盘的时候中间留一个小窝。

营养贴士

经常吃莴笋叶，有利于血管张力，改善心肌收缩力，加强利尿等。

主料： 五花肉、豆渣各200克

配料： 调和油、精盐、柿子椒、干红椒各适量

操作步骤

①五花肉洗净，剁成末；柿子椒去籽洗净，剁成末；干红椒洗净切丝备用。

②锅中油热时，先后倒入柿子椒末、肉末，炒熟，盛起备用。

③豆渣先入锅炒干，盛起备用。

④起油锅爆香干红椒，倒入炒好的豆渣、肉末翻炒，加精盐调味即可。

操作要领

此菜中加入青蒜末味道更佳。

营养贴士

豆渣能降低人体血液中胆固醇含量，减少糖尿病人对胰岛素的消耗。

视觉享受：★★★★★ 味觉享受：★★★★★ 操作难度：★★

肉末炒豆渣

TIME 15分钟

菜品特点

豆香浓郁

酸菜蒸肉

视觉享受：★★★★★
味觉享受：★★★★★
操作难度：★

TIME 90 分钟

菜品特点
香辣开胃

 **主料：**五花肉 300 克，酸菜 200 克

配料：红辣椒末、香油、精盐、辣椒粉、鸡精、生抽、老抽各适量

操作步骤

①五花肉洗净，切粗丁，用精盐、辣椒粉、生抽、老抽腌渍 20 分钟，使之变色。

②酸菜垫碗底，盖上腌渍好的肉丁，撒上辣椒粉、红辣椒末、鸡精，淋少许水、香油，放入高压锅大火上气蒸 1 小时，出锅撒鸡精拌匀即可。

操作要领

出锅后可加香葱末、香菜作为点缀。

营养贴士

猪肉性能微寒，有解热、补肾气虚弱之功效。

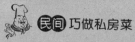
民间 巧做私房菜

★ ★ ★ ★ ★

巧做私房菜
水产类

★ ★ ★ ★ ★

青椒鳝鱼丝

TIME 30分钟

视觉享受：★★★★★
味觉享受：★★★★★
操作难度：★★

菜品特点
气香味美

 **主料：** 鳝鱼肉 300 克，青柿椒 150 克，鸡蛋清 50 克

配料： 葱末、姜末、蒜末、料酒、酱油、醋、白糖、精盐、味精、淀粉、植物油各适量

操作步骤

①鳝鱼肉洗净切丝，用蛋清、淀粉、精盐、料酒拌匀；青柿椒择洗干净，切细丝。

②用醋、酱油、料酒、淀粉、白糖、味精调成汁。

③油锅烧至五成热，将鳝鱼丝、青椒丝入锅滑散，捞出沥油。

④热油中放入葱、姜、蒜末煸炒出味，倒入滑好的

鳝鱼丝、青柿椒丝略炒，加入调好的汁，翻炒几下即成。

操作要领

此菜中适当加入干红椒，可增味添香。

营养贴士

鳝鱼对体虚出汗、消化不良的人有明显的食疗效果。

视觉享受：★★★★★ 味觉享受：★★★★★ 操作难度：★

炸鳕鱼排

TIME 15分钟

菜品特点
外皮酥香
肉质鲜嫩

主料： 鳕鱼150克

配料： 食用油100克，鸡蛋液50克，面粉10克，白胡椒粉4克，精盐3克，面包糠、辣椒酱各适量

操作步骤

①鳕鱼排用精盐、白胡椒粉腌渍。

②将鳕鱼排依次裹上鸡蛋液、辣椒酱、面粉和面包糠，油炸至金黄即可。

操作要领

鸡蛋液能够均匀包裹鱼排即可，不宜太多。

营养贴士

鳕鱼富含镁元素，能保护心血管系统，有助于预防高血压、心肌梗死等疾病。

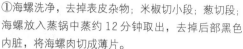

主料： 海螺300克

配料： 米椒15克，葱10克，精盐、鲜味汁、白砂糖、香油、姜丝各适量

操作步骤

①海螺洗净，去掉表皮杂物；米椒切小段；葱切段；海螺放入蒸锅中蒸约12分钟取出，去掉后部黑色内脏，将海螺肉切成薄片。

②锅中水烧开后，放入米椒焯1分钟，捞出；将海螺片、米椒段、葱段、姜丝放入盘中，加入精盐、鲜味汁、白砂糖和香油搅拌均匀，盛入盘中即可。

操作要领

温拌海螺肉时需要将海螺肉尽量切得工整，用快刀从一面慢慢切片效果更佳，从而使每一片海螺肉的口感和味道统一而协调。

营养贴士

海螺肉含有丰富的维生素A、蛋白质、铁和钙等营养元素，对目赤、黄疸、脚气、痔疮等疾病有食疗作用。

视觉享受：★★★★★ 味觉享受：★★★★★ 操作难度：★★

温拌海螺

TIME 20分钟

菜品特点
清脆爽口

 干煸干鱿鱼

TIME 20分钟

菜品特点
鲜香十足
香咸适中

●**主料：** 干鱿鱼 300 克，里脊肉 100 克

●**配料：** 香芹 50 克，蒜末、姜末各 10 克，酱油 15 克，精盐 5 克，鸡精 3 克，熟白芝麻、植物油、干辣椒段、纯碱各适量

操作步骤

①干鱿鱼用冷水浸泡 3 小时后捞出，放入纯碱再泡 3 小时，发好，取出反复漂洗，除掉碱味，沥干水分，切成丝。

②里脊肉洗净，切丝；香芹洗净，切段。

③锅中置植物油烧热，下姜末、干辣椒段爆出香味，将干鱿鱼、肉丝、香芹段下锅翻炒，其间加精盐、

酱油、鸡精，翻炒至熟，撒入蒜末、熟白芝麻炒匀即可。

操作要领

纯碱与水的比例大致是 1：5。

营养贴士

此菜对骨骼发育和造血十分有益，可预防贫血。

视觉享受：★★★★★ 味觉享受：★★★★★ 操作难度：★★

粉蒸泥鳅

TIME 20分钟

菜品特点
肉质鲜美
营养健康

⇒ 主料： 泥鳅300克，红薯200克，大米粉150克

⇒ 配料： 醪糟汁30克，豆瓣酱25克，料酒15克，姜末、蒜末各10克，精盐、红糖各5克，鸡精3克，植物油、红辣椒末、香菜各适量

🥄 操作步骤

①红薯洗净去皮，切成条块；香菜洗净切成段。

②泥鳅去头，剪开身体去除内脏，洗净入盘，加大米粉、姜末、蒜末、精盐、鸡精、豆瓣酱、红糖、红辣椒末、醪糟汁、料酒拌匀。

③将拌好的泥鳅放入蒸碗内，上面摆好红薯，上笼蒸至红薯软、泥鳅熟透，出笼翻扣于盘中。

④坐锅上火放油，烧热后，将油倒在泥鳅身上，撒上香菜即可。

🔥 操作要领 ◀◀◀

蒸制时中途不能散火，要大火一次蒸熟，以免肉质不够软。

👉 营养贴士

泥鳅有暖中益气的功效。

⇒ 主料： 草鱼肉500克，黄瓜100克，红杭椒50克

⇒ 配料： 姜片、蒜瓣各10克，红枣25克，白酒15克，精盐2克，冰糖、鸡精各3克，八角、小茴香、白蔻、枸杞各适量

🥄 操作步骤

①草鱼肉洗净，切成片，入沸水锅中余至八成熟时捞出；黄瓜洗净，切条。

②取一容器装入适量冷开水，调入精盐、冰糖、白酒、鸡精，将姜片、蒜瓣、红枣、枸杞、八角、小茴香、白蔻一并泡入冷开水中，约5小时后即成卤汁。

③将鱼片、红杭椒、黄瓜入卤汁中浸泡约30分钟，即可食用。

🔥 操作要领 ◀◀◀

也可选择其他鱼肉制作此道菜。

👉 营养贴士

此菜具有益气健脾、消润胃阴、利尿消肿、清热解毒的功效。

视觉享受：★★★★★ 味觉享受：★★★★★ 操作难度：★

辣椒泡鱼

TIME 数小时

菜品特点
开胃下饭
营养滋补

醋喷鲫鱼

菜品特点
酸甜可口
香醇焦脆

视觉享受：★★★★★
味觉享受：★★★★★
操作难度：★★

> **主料：** 鲫鱼 500 克
> **配料：** 洋葱 50 克，干辣椒段、陈醋、白糖、生抽、精盐、味精、植物油、葱花、姜末各适量

操作步骤

①将鲫鱼去净内脏及腮，洗净沥干，切块；洋葱洗净切小丁。

②锅中放油，烧至八成热，放入鲫鱼，炸熟捞出。

③锅中留底油烧热，用葱花、姜末爆锅，入洋葱翻炒片刻；然后加入干辣椒段、白糖、生抽、精盐、味精等调料，放入炸好的鲫鱼炒匀；再喷些陈醋，撒上葱花即可。

操作要领

①切鱼时应将鱼皮朝下，刀口斜入，最好顺着鱼刺，这样切起来更干净利落。

②鱼鳞不去，炸时油温要高，并炸至焦熟。

营养贴士

此菜具有健脾、开胃、益气、利水、通乳、除湿的功效。

视觉享受：★★★★★ 味觉享受：★★★★★ 操作难度：★★

红烧海螺

TIME 20分钟

菜品特点
色鲜味美

> **主料：** 鲜海螺肉250克，木耳25克，冬瓜100克，鲜香菇80克
>
> **配料：** 植物油120克，葱、姜各8克，蒜2克，绍酒16克，酱油8克，白糖25克，精盐3克，芝麻油20克，醋、清汤、湿淀粉各适量

操作步骤

①海螺肉洗净，剞出十字花刀，用精盐、醋搓净粘液，清水漂洗后，切块，放入开水锅中焯一下，捞出沥净水分；冬瓜去皮切成薄片，葱、姜蒜均切末，木耳洗净撕小朵备用，鲜香菇切块备用。

②锅内生油烧至八成热时，将海螺肉放入锅中煸炒后，迅速捞出沥干油。

③锅内余油烧四成热时放入葱、姜、蒜爆香；加入绍酒、冬瓜、木耳、香菇略炒；加清汤、酱油、白糖、精盐、海螺肉，移至微火上烧2分钟，用湿淀粉勾芡，淋入芝麻油，盛入盘内即成。

操作要领

爆海螺肉时不可时间过长。

营养贴士

海螺是典型的高蛋白、低脂肪、高钙质的天然动物性保健食品。

> **主料：** 鲢鱼头500克
>
> **配料：** 油菜心、春笋各50克，木耳3克，葱段、姜片、精盐、白糖、胡椒粉、料酒、白醋、味精、淀粉、鸡汤、熟猪油各适量

操作步骤

①鲢鱼头劈成两片，去鳃洗净；春笋洗净去皮切片；油菜心洗净待用；木耳洗净撕小朵备用。

②锅内加清水，放入鱼头，置旺火上烧至鱼肉离骨时捞起，拆去鱼骨。

③另起锅放油，至五成热时，放入葱段、姜片炸香，捞去葱、姜，然后加入鸡汤、料酒、精盐、白糖，再放入笋片、鱼头和木耳。

④盖上盖，烧10分钟左右；然后放入油菜心，加味精；再用水淀粉勾芡，淋入白醋、熟猪油，撒上胡椒粉即成。

操作要领

做鱼头菜一般用鲢鱼比较多，鲢鱼头大、肉多、肥嫩、味美。

营养贴士

此菜有助于增强男性性功能，对降低血脂、健脑及延缓衰老很好的食疗效果。

视觉享受：★★★★★ 味觉享受：★★★★★ 操作难度：★★

拆烩鲢鱼头

TIME 50分钟

菜品特点
鱼肉肥嫩
汤汁稠浓

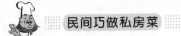

TIME 18分钟

菜品特点
清脆爽口

葱油海螺

视觉享受：★★★★★
味觉享受：★★★★★
操作难度：★★

主料：海螺 500 克

配料：蒜 3 瓣，葱 1 根，姜 1 块，花生油、蚝油、葱油各 10 克，酱油 5 克，香醋、精盐、味精各适量

操作步骤

①将海螺敲破取肉，用醋洗去黏液，用刀将海螺片成薄片，放入沸水中焯过，装入盘中。

②将葱洗净切小段，姜和蒜洗净后切成末，放入碗中，加蚝油、酱油、精盐、香醋、味精调成汁。

③坐锅上火倒入花生油，烧至七成热，放入螺片迅速炒散盛出，将调好的汁倒在螺片上，淋上葱油即可。

操作要领

海螺肉入油锅时一定要迅速将其炒开。

 **营养贴士**

海螺对胃痛、吐酸、淋巴结结核、手足拘挛等症状有较好的改善作用。

视觉享受：★★★★★　味觉享受：★★★★★　操作难度：★★

鸿运泥螺

TIME 20分钟

菜品特点
肉质脆嫩
口味鲜香

➡主料： 鲜活泥螺 800 克

👉配料： 食用油、绍酒、酱油、味精、姜末、蒜末、胡椒粉、葱花、红尖椒丝各适量

操作步骤

①将泥螺用清水洗净待用。

②将炒锅置旺火上，锅内放清水煮沸，倒入泥螺焯水，沥水后装盘。

③炒锅内放少量食用油，投入姜末、蒜末略煸，加入绍酒、酱油、胡椒粉、味精煮沸后浇在泥螺上面，再撒上葱花、红尖椒丝，锅内留油烧至八成热，倒在泥螺上面即可。

操作要领

焯泥螺时可以加入少许精盐。

营养贴士

泥螺含有丰富的蛋白质，味道鲜美、营养价值很高。

➡主料： 海螺 400 克

👉配料： 精盐、白糖、泡椒汁、白酒各适量

操作步骤

①旺火烧沸适量的水，放入海螺，蒸煮 8 分钟后沥干水分，将海螺放入凉水之中，挖出海螺肉，洗净切片。

②海螺中加白糖、精盐、白酒、泡椒汁拌匀。

③将海螺连同浸泡它的调汁放入冰箱泡 1 个小时即可。

操作要领

煮海螺时要将其煮熟。

营养贴士

此菜有明目润肺的食疗效果。

视觉享受：★★★★★　味觉享受：★★★★★　操作难度：★

味道泡海螺

TIME 80分钟

菜品特点
清爽可口
肉质鲜嫩

TIME 14分钟

视觉享受：★★★★★
味觉享受：★★★★★
操作难度：★★

菜品特点
酱香可口

多味炒蟹钳

> **主料：** 蟹钳 300 克
>
> **配料：** 香菜 8 克，辣椒酱、豆瓣酱、豆豉各 12 克，葱 10 克，姜 13 克，料酒 20 克，干辣椒 8 克，生抽 15 克，老抽 6 克，白糖 5 克，淀粉 15 克，精盐适量

操作步骤

①蟹钳洗净、沥水备用；葱切段，姜切片，干辣椒切段，香菜切段。

②油锅下葱、姜、辣椒爆香；下蟹钳翻炒，加入精盐、辣椒酱、豆瓣、豆豉翻炒入味；下料酒、生抽、老抽；加 150 克水焖 5 分钟。

③揭盖加白糖，淀粉勾薄芡收干汁水；出锅撒上香菜即可。

操作要领

白糖不可加入过多，否则将会影响此菜的鲜香口感。

营养贴士

此菜对于淤血、黄疸、腰腿酸痛和风湿性关节炎等疾病有一定的食疗效果。

视觉享受：★★★★★ 味觉享受：★★★★★ 操作难度：★★★

多味炒蟹钳

TIME 20分钟

菜品特点
酱香可口

> **主料:** 草鱼 1 条

> **配料:** 炸花生米 30 克，干辣椒段 10 克，鸡蛋液 50 克，精盐、味精、鸡粉、白糖、面包粉、淀粉、植物油、香菜段各适量

操作步骤

①将草鱼去鳞、去鳃、除内脏，洗净后去鱼骨，将鱼肉切成丁，放入碗中加鸡蛋液、淀粉拌匀，再拍上面包粉备用。

②坐锅点火，加油烧热，下入鱼丁略炸，捞出沥油待用。

③锅中留底油烧热，下入干辣椒段炒香，再放鱼丁，加精盐、白糖、味精、鸡粉烧至入味，然后加花生米翻炒均匀，撒入香菜段，即可装盘上桌。

操作要领

炸鱼丁的油温要掌握好，太低，鱼丁容易粘锅，影响外形；太高，鱼丁容易外焦内生。

营养贴士

此菜含有丰富的不饱和脂肪酸，可以促进血液循环。

> **主料:** 海蟹 700 克

> **配料:** 花生油 100 克，精盐 2 克，料酒 6克，辣椒粉 10 克，味道、淀粉各适量

操作步骤

①将海蟹去掉脐和蟹盖，除去鳃后冲洗干净，剁成两块，放入盆里，加料酒、味精、精盐、辣椒粉腌片刻。

②炒勺上火，注入花生油，烧至八成热，将海蟹刀口断面处蘸淀粉后，入油中炸至金黄色时捞起，两半蟹拼好码入盘中；蟹盖也入油中炸至赤色，盖在炸蟹上恢复原样即成。

操作要领

海蟹的脐和鳃是海蟹身上最脏的部位，一定要去掉，并清洗干净。

营养贴士

此菜有清热解毒、补骨添髓、养筋接骨、活血祛痰的食疗效果。

视觉享受：★★★★★ 味觉享受：★★★★★ 操作难度：★

炸海蟹

TIME 20分钟

菜品特点
酱酒焖炖
捞撤味鲜

TIME 25分钟

菜品特点
味道鲜美

茄子焖青蟹

观赏享受：★★★★★
味觉享受：★★★★★
操作难度：★

主料： 茄子400克，青蟹300克

配料： 高汤200克，洋葱20克，海鲜酱10克，老抽、猪油、香醋各10克，鸡精2克，味精5克，白糖8克，香油3克，葱末、姜末各2克，蒜油2克，蒜蓉酱、豆瓣酱各2克，色拉油500克，葱花6克

操作步骤

①将青蟹宰杀洗净；茄子洗净切条；锅中加入色拉油烧至六成热，下入茄子条，中火炸2分钟至表面金黄，捞出沥油；青蟹拌匀淀粉，放入六成热的油中，小火炸约2分钟至熟，捞出沥油。

②锅中加入猪油、葱末、姜末、蒜油烧热，放入蒜蓉酱、豆瓣酱、海鲜酱，小火煸炒出香；加入高汤烧沸。

③加入青蟹、老抽、鸡精、味精、香醋、白糖、茄子，

用中火加热，烧至汤汁浓稠时，大火收汁，淋入香油后起锅；铁板烧热，放上洋葱，再将煨制好的原料放在洋葱上面，撒葱花即可。

操作要领

茄子最好切成5厘米长、0.5厘米宽的长条。

营养贴士

蟹肉有利湿退黄、利肢节、滋肝阴、充胃液之功效。

视觉享受：★★★★★ 味觉享受：★★★★★ 操作难度：★★

剁椒腐竹蒸带鱼

TIME 20分钟

菜品特点
色泽艳丽
营养美味

⊜主料： 带鱼 200 克，腐竹 50 克

◐配料： 剁椒酱 20 克，精盐 3 克，料酒 2
克，姜丝 4 克

操作步骤

①将带鱼洗净切段，然后加料酒、姜丝、精盐腌 60
分钟；腐竹洗净，用温水泡发 20 分钟，切段。

②将腐竹码在盘底，上面放一层剁椒酱；然后码上
带鱼，上面再放一层剁椒酱。

③将摆好带鱼、腐竹的盘放入蒸锅，蒸 10 分钟即
可出锅。

操作要领

带鱼尽量选新鲜的，体形越大越好。

营养贴士

此菜具有健脑、补脾、暖胃、美肤的功效。

⊜主料： 海蟹 400 克，豆腐 200 克

◐配料： 葱末、姜末各适量，蚝油 20 克、
麻油 7 克，白砂糖 10 克，精盐 2 克，味精 1 克

操作步骤

①将豆腐切大块，摆放在盘中；把螃蟹洗净，摆放
在豆腐上备用。

②在碗中倒入蚝油、麻油、白砂糖、精盐、味精，
加 80 克清水调匀。

③油锅中将姜末、葱末、爆香，将碗中调好的汁倒
入锅中，煮开；然后倒在螃蟹上，上锅大火蒸 15 分
钟即可。

操作要领

将豆腐两面煎黄后再摆放海蟹味道更佳。

营养贴士

蟹肉营养丰富，是一种高蛋白的补品，对滋补身体很有
益处。

视觉享受：★★★★★ 味觉享受：★★★★★ 操作难度：★

豆腐蒸蟹

TIME 20分钟

菜品特点
咸鲜入味
鲜甜清香

天妇罗炸虾

TIME 30分钟

视觉享受：★★★★★
味觉享受：★★★★★
操作难度：★★

菜品特点
肉质松软
易于消化

● **主料：** 鲜虾 300 克
● **配料：** 低筋面粉 100 克，蛋黄 50 克，清水 80 克，精盐 3 克，姜汁 15 克，番茄酱、植物油、淀粉各适量

 操作步骤

①鲜虾去掉外壳、虾头，抽去泥肠，保留尾部，用姜汁、精盐腌渍片刻。

②低筋面粉、蛋黄、清水、精盐调匀，制成面衣。

③中火起油锅，把虾在淀粉里裹一下，抖掉多余的淀粉，然后再裹一层面衣，下油锅炸至金黄色，捞出摆盘。

④番茄酱放入小盘中，食用时蘸用即可。

操作要领

炸虾的过程中，中间需要稍微翻两次。

营养贴士

虾含有丰富的矿物质，对人类的健康极有裨益。

视觉享受：★★★★★ 味觉享受：★★★★★ 操作难度：★

胶东鲅鱼烧白菜

TIME 28分钟

菜品特点
肉质细嫩
鲜香可口

> **主料：** 鲅鱼200克，红椒1个，洋葱、白菜各适量

> **配料：** 植物油60克，鸡蛋1个，姜丝25克，香油10克，香菜、八角、精盐、味精、花椒、料酒、蒜末各适量

操作步骤

①将鲅鱼洗净切段，用精盐、料酒腌10分钟；鸡蛋打破搅匀；红椒去籽洗净，切丝；洋葱、白菜洗净切片；香菜洗净切段备用。

②将鲅鱼裹鸡蛋液下油锅，煎至两面金黄后盛起；热油锅内加入姜丝、蒜末，爆香后加入红椒、洋葱、白菜，炒至七成熟时盛起备用。

③洗锅放油，油温时放入八角、花椒、蒜末、料酒、姜丝炒番；加汤焖煮，汤沸后加入煎好的鲅鱼和炒好的白菜等；鲅鱼熟后加入味精出锅，淋上香油，撒上香菜即可。

操作要领

加汤焖煮是为了使各种调料入味，因此汤水不可加得太多。

营养贴士

鲅鱼有补气、平咳作用，对体弱咳喘有一定疗效。

> **主料：** 草鱼100克，黄豆芽500克

> **配料：** 干灯笼椒、花椒粒、姜末、蒜末、葱花、植物油、精盐、味精、料酒、酱油、剁椒、生粉、白糖、鸡蛋清、胡椒粉各适量

操作步骤

①将鱼杀好洗净，剁下头、尾，将鱼肉切片，鱼排切块；将鱼片用少许精盐、料酒、生粉和鸡蛋清抓匀，腌15分钟。

②将豆芽洗净，焯一下，撒入精盐备用。

③锅中油热后，放入剁椒爆香，加姜末、蒜末、葱花、花椒粒及干灯笼椒，用中小火煸炒出味；然后加水，放入鱼头、尾及鱼排，加料酒、酱油、胡椒粉、白糖、精盐和味精调味，用大火烧开；再将鱼片放入；4分钟下关火，把煮好的鱼及全部汤汁倒入盛有豆芽的容器中。

④另起锅入油，烧热，下花椒粒及干灯笼椒，用小火慢慢炒出香味；待辣椒颜色快变时，立即关火，将它们一起倒入盛鱼的容器中，撒入葱花即可。

操作要领

鱼片要厚薄均匀，煮至断生即可，时间长了不够鲜嫩。

营养贴士

此菜具有暖胃和中、平肝祛风、治痹、截疟的功效。

视觉享受：★★★★★ 味觉享受：★★★★★ 操作难度：★

沸腾鱼

TIME 30分钟

菜品特点
香辣诱人
开胃下饭

芹菜炒鱿鱼

TIME 18分钟

菜品特点
肉质鲜美
营养丰富

视觉享受：★★★★★
味觉享受：★★★★★
操作难度：★★

⊙ 主料： 鱿鱼 300 克，芹菜 200 克
⊙ 配料： 植物油 80 克，姜汁 10 克，精盐 1.5 克，白酒 3 克，蒜末 5 克，香油 6 克

🔃 操作步骤

①鱿鱼洗净，用姜汁、精盐、香油腌渍 5 分钟；芹菜去叶洗净，切段。

②坐锅上火放油，把腌好的鱿鱼倒入油锅均匀翻炒，至鱿鱼略卷时盛盘备用；锅内加油，下入蒜末、芹菜，加精盐调味。

③将白酒倒入鱿鱼中，拌匀，将芹菜倒入锅中，与鱿鱼一起翻炒均匀，炒干酒气即可。

🥢 操作要领

白酒千万不要在腌肉的时候放，否则会导致鱿鱼变霉。

👉 营养贴士

鱿鱼富含蛋白质、钙、牛磺酸、磷、维生素 B$_1$ 等多种人体所需的营养成分。

视觉享受：★★★★★　味觉享受：★★★★★　操作难度：★★

蛤蜊肉蒸水蛋

TIME 20分钟

菜品特点
色鲜味美
营养充足

➡主料：鸡蛋 150 克，蛤蜊 300 克

☞配料：生抽 10 克，香油 6 克，精盐 5 克，葱花适量

🔄 操作步骤

①蛤蜊用盐水浸泡片刻，冲洗干净，放入清水中煮开，然后捞出取肉，留下清汤备用。

②鸡蛋磕入碗中，加少许精盐打散，再加入适量煮好的蛤蜊汤，调匀后蒸 5 分钟。

③蒸熟后端起，在蒸好的蛋上码好煮熟的蛤蜊肉，撒上葱花，淋上生抽、香油即可。

🐙 操作要领 ◀◀◀

汤的分量要比蛋液略多，这样蒸出来的蛋才细嫩。

👉 营养贴士

蛤蜊营养丰富，能够补充人体所需的铁、钙等元素。

➡主料：腌黄花鱼 1 条，雪菜 80 克

☞配料：花生油 70 克，香葱 25 克，姜末 6 克，香油、生抽、精盐、味精各适量

🔄 操作步骤 ◀

①腌黄花鱼洗净、装盘；香油、精盐、味精、生抽均匀调扮成汁备用。

②香葱洗净切碎；雪菜洗净切碎备用。

③将姜末、香葱、雪菜均匀撒在黄花鱼的表面和鱼腹之中，浇上调好的酱汁，放入蒸屉，直至蒸熟。

🐙 操作要领 ◀◀◀

为使鲜香之味更好地透入鱼肉之中，一定要将香葱切末，且数量不宜过少。

👉 营养贴士

对体质虚弱和中老年人来说，食用黄花鱼会收到很好的食疗效果。

视觉享受：★★★★★　味觉享受：★★★★★　操作难度：★

雪菜蒸黄花鱼

TIME 20分钟

菜品特点
形态美观
鲜香爽嫩

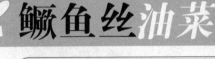

鳜鱼丝油菜

视觉享受：★★★★★
味觉享受：★★★★★
操作难度：★

菜品特点
色彩鲜明
鱼肉鲜嫩

主料： 油菜心 250 克，鳜鱼肉 150 克

配料： 精盐 20 克，料酒 12 克，味精 1.5 克，胡椒面 3 克，干淀粉 8 克，鸡蛋清 50 克，芝麻油 35 克，葱、姜各 10 克，枸杞 2 克

操作步骤

①油菜心摘洗干净，放入开水锅中焯一下，捞出，用凉水泡上；鳜鱼肉洗净，去皮、刺，切丝；葱去皮，洗净，切末；姜去皮，切片，待用。

②瓷碗内，打入鸡蛋清，用干淀粉调成糊，放精盐、味精搅拌均匀，放入鱼丝的匀拌上蛋糊，放入开水锅中滑熟，捞出。

③炒锅烧热，倒入芝麻油，烧热，下入葱末、姜片，炒出香味；放入油菜心、枸杞、精盐、料酒、胡椒面、

味精、鱼丝水烧开，去浮沫，调好口味，出锅。

④食用时，将油菜心用筷子夹出，码在菜盘的四周，鱼丝放入盘中心即可。

操作要领

鱼丝滑熟后立即捞出，不可久煮。

营养贴士

鳜鱼肉的热量不高，而且富含抗氧化成分，对于想美容又怕肥胖的女士是极佳的选择。

视觉享受：★★★★★ 味觉享受：★★★★★ 操作难度：★

五香炸鲫鱼

TIME 15分钟

菜品特点
肉质细嫩
肉味甜美

主料： 小鲫鱼 300 克

配料： 料酒 30 克，姜末、葱段各 25 克，香醋 20 克，白糖 15 克，生抽 15 克，精盐 5 克，植物油、竹签、胡椒粉各适量

操作步骤

①小鲫鱼清理干净，置于碗中，加入姜末、葱段、精盐、料酒、香醋、生抽、白糖、胡椒粉拌匀，腌渍 1 小时，穿在竹签上，控干汁液。

②锅中多倒入一些植物油，大火烧至六成热时，转中火，将处理好的小鲫鱼下油锅炸至两面呈焦黄色，关火，控油即可。

操作要领

注意鱼腹内有鱼籽的一定要将鱼籽取出，否则下油锅炸制的时候会爆锅。

营养贴士

鲫鱼有健脾利湿、活血通络、和中开胃、温中下气的药用价值。

主料： 鳜鱼 500 克，熟米粉 100 克

配料： 酱油、甜面酱各 50 克，豆瓣酱、料酒、白醋、辣椒油各 10 克，姜茸、花椒粉、葱末、味精、胡椒粉、五香桂皮、白糖、香油各适量

操作步骤

①取青皮竹筒一个，离竹筒一端约 4 厘米长处横锯开约 10 厘米长的口作为竹筒盖，洗净备用。

②将鳜鱼剖好，洗净，滤干水，切块，再入清水洗一次，滤干水，放入碗内。

③加入五香桂皮、熟米粉、酱油、豆瓣酱、甜面酱、胡椒粉、花椒粉、白糖、白醋、料酒、味精、香油、辣椒油、姜茸与鳜鱼拌匀，腌 5 分钟。

④将拌好的鳜鱼放入竹筒，盖上盖子，用大火蒸 30分钟，从蒸笼内将竹筒鱼取出，将鱼取出放入碟内即可。

操作要领

竹筒可用带盖的蒸碗代替。

营养贴士

鳜鱼有暖胃舒肺的食疗效果。

视觉享受：★★★★★ 味觉享受：★★★★★ 操作难度：★

粉蒸鳜鱼

TIME 35分钟

菜品特点
肉质鲜嫩
营养丰富

芹菜心拌海肠

视觉享受：★★★★★
味觉享受：★★★★★
操作难度：★

TIME 30分钟

菜品特点
美味营养
有益健康

> **主料：** 海肠 200 克，嫩水芹菜心 80 克

> **配料：** 陈醋 15 克，葱油 10 克，白糖 10 克，酱油 5 克，鸡精、精盐各 3 克，香油适量

操作步骤

①海肠剪掉两头带刺的部分，把内脏和血液洗净，沥干水，切成段；芹菜心洗净，切成段。

②锅中烧开水，分别加入芹菜心、海肠焯水至断生，捞出过凉水，控干水分。

③主料放入碗中，加入所有配料拌匀即可。

操作要领

焯完芹菜心，待水温为 80~90℃时，再下入海肠略焯，马上捞出。

营养贴士

海肠营养价值比海参一点都不逊色，甚至被称作"裸体海参"，具有温补肝肾的功效。

视觉享受：★★★★★ 味觉享受：★★★★★ 操作难度：★★

白汁番茄鳜鱼

TIME 30分钟

菜品特点
色泽红亮
鱼鲜肉嫩

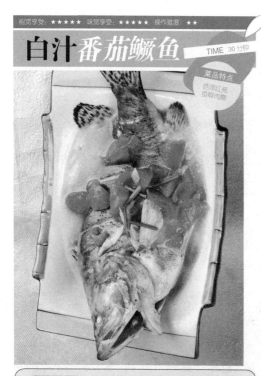

> **主料：** 鳜鱼 1 条，番茄 200 克
>
> **配料：** 番茄沙拉、姜、葱、精盐、料酒、胡椒粉、鸡蛋清、水淀粉、精炼油、香菜梗各适量

操作步骤

①鳜鱼宰杀洗净；将姜拍碎，葱切末放入鱼腹中，加精盐、料酒、胡椒粉，腌渍 10 分钟；番茄用热水焯一下，剥去皮，切成块；香菜梗切段。

②将腌渍后的鳜鱼用鸡蛋清和水淀粉拌均匀。

③锅内烧油至四成热，下番茄沙拉炒上色，掺入鲜汤，放入胡椒粉、精盐、料酒、番茄块，汤汁烧开时，用勺撇去浮沫；下鳜鱼至肉熟，加味精、香菜梗起锅，装入碗中即可。

操作要领

此菜可将鳜鱼切成块状烹饪。

营养贴士

鳜鱼肉质细嫩，极易消化，特别适宜于儿童、老人及体弱、脾胃消化功能不佳的人食用。

> **主料：** 海胆 300 克
>
> **配料：** 鸡蛋 100 克，清汤、香菜叶各适量

操作步骤

①鸡蛋磕入碗中，加入等量的清汤，打散。

②将海胆外面的刺剪短，用剪刀撬开黑色带辐射状芒刺的软壳，用勺子挖出黄色的海胆黄放入小碗内，海胆壳内部掏空，洗净。

③海胆壳放入沸水中余烫 1 分钟，取出控干水分，放入鸡蛋液，上蒸锅蒸 5 分钟；至蛋液刚凝固，再将海胆摆放在蛋液上，再蒸 5 分钟，取出点缀香菜叶即可。

操作要领

海胆黄本身已有咸味，可以不加调料，以保证其鲜味。

营养贴士

此菜能健脑益智，改善记忆力，并促进肝细胞再生。

视觉享受：★★★★★ 味觉享受：★★★★★ 操作难度：★

海胆蒸蛋

TIME 20分钟

菜品特点
营养健康
味道鲜美

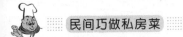

椒盐鱿鱼圈

TIME 30分钟

菜品特点
色泽红亮

视觉享受：★★★★★
味觉享受：★★★★★
操作难度：★

🔵 **主料：** 圆筒状鲜鱿鱼 500 克

🔵 **配料：** 沙姜粉、料酒各 10 克，蒜茸、干葱片各 10 克，生粉、五香粉（或黑椒碎）各 5 克，植物油、香油、精盐各适量

🔄 操作步骤

①将五香粉或黑椒碎与精盐放入锅中炒至黄色即成椒盐，盛起备用。

②圆筒状鱿鱼（不能剖开）洗净，抹干水，切成圆圈状，用沙姜粉和料酒腌 20 分钟，再加生粉拌匀，放入热油锅中炸至金黄，沥干取出。

③锅热后加入香油，放入蒜茸及干葱片，炒香后放入椒盐翻匀，盛入小碗中，食用鱿鱼时蘸拌即可。

🔵 操作要领

炸鱿鱼圈时油要热，要在最短的时间内炸熟。

👉 营养贴士

鱿鱼有补脾利水、去瘀生新、清热祛风、补肝肾等功能。

视觉享受：★★★★★ 味觉享受：★★★★★ 操作难度：★★

照烧鱿鱼圈

TIME 90分钟

菜品特点
鱼鲜肉嫩

➡主料： 鱿鱼1只

👉配料： 精盐3克，料酒10克，照烧酱25克，红椒10克，大葱适量

🔄 操作步骤

①将鱿鱼洗净，加上精盐和料酒腌渍1小时；红椒洗净，切斜圈；大葱（取葱白）洗净切丝备用。

②把烘烤篮放入烘烤机中，温度调至200℃，预热5分钟。

③将准备好的鱿鱼放入烘烤篮中，撒入红椒，时间调节至15分钟；隔5分钟打开烘烤篮将鱿鱼翻身，刷一层照烧酱；完成后将鱿鱼切片，撒上葱丝即可食用。

🔪 操作要领 ◀◀◀

出锅之后可撒上葱丝、辣椒丝点缀添色。

👉 营养贴士

鱿鱼祛风除湿、利尿通淋、富含蛋白质。

➡主料： 鲈鱼500克，青、红杭椒各70克，小油菜、西红柿（实用40克）各100克

👉配料： 排骨酱、姜、鸡精、剁椒酱、香葱、香油、精盐各适量

🔄 操作步骤

①青、红杭椒洗净切圈；西红柿洗净切片；小油菜洗净备用；姜洗净切末；香葱洗净，切花；鲈鱼洗净，去头、尾，切厚片。

②将鲈鱼下油锅炸至金黄，捞出；炒锅内加少量油，下姜末、排骨酱、番茄片炒香，加水烧开后将鲈鱼放入锅中，加入精盐，盖盖焖煮；小火烧五分钟后加入小油菜，改大火收汁，最后加入鸡精，出锅装盘。

③热油锅中加入青、红椒、剁椒酱炒香，加香葱花后连锅端起，淋在烧好的鲈鱼表面即可。

🔪 操作要领 ◀◀◀

鲈鱼下锅前可加入个人喜好的调料稍作腌渍。

👉 营养贴士

《本草经疏》：鲈鱼，味甘淡气平与脾胃相宜；肾主骨，肝主筋，滋味属阴，总归于脏，益二脏之阴气，故能益筋骨。

视觉享受：★★★★★ 味觉享受：★★★★★ 操作难度：★★

功夫鲈鱼

TIME 25分钟

菜品特点
香气浓郁

醋椒鲈鱼

视觉享受：★★★★★
味觉享受：★★★★★
操作难度：★★

TIME 40分钟

菜品特点
汤汁鲜美
营养丰富

➡ **主料**：鲈鱼1条

➡ **配料**：精盐、葱白、姜、柠檬、白胡椒、料酒、醋、香菜、淀粉各适量

操作步骤

①将鲈鱼剔骨、去头尾，鱼骨切段；剔下的鱼肉片剞成蝴蝶片，放入料酒、精盐腌渍10分钟；腌渍好后加上淀粉上浆；姜洗净切碎；葱白洗净切丝；柠檬切片；香菜洗净切段。

②锅中烧开水加入鲈鱼片煮沸，捞出；另起锅加油，煸炒鱼骨（含鱼头、尾），待半熟时加入开水煮出白汤；捞出鱼骨放入盘中，汤留用。

③另起锅加油，放入葱、姜、白胡椒煸炒出香味，加入白汤煮沸，加精盐；放入鱼片煮入味后，将鱼

片捞出放入盘中。

④在汤中加入柠檬片，煮3~5分钟，关火同时加入醋；将汤沥出，淋在鱼肉上；拼盘的时候，摆出整条鱼的形状，加上香菜和葱丝即可。

🔥 操作要领

醋椒鲈鱼的"椒"指的是"白胡椒"；醋一定要等到关火时加入，切不可提前放入。

👉 营养贴士

《嘉佑本草》：补五脏，益筋骨，和肠胃，治水气。

视觉享受：★★★★★　味觉享受：★★★★★　操作难度：★★

豆腐焖鲫鱼

TIME 26分钟

菜品特点
肉质细嫩

● **主料：** 豆腐250克，鲫鱼500克，肥瘦猪肉75克，青、红椒各100克

● **配料：** 猪油75克，葱15克，姜8克，料酒20克，精盐5克，味精2克，鲜汤适量

操作步骤

①将豆腐洗净，切块，用开水浸烫一下；葱、姜洗净切末；鲫鱼去鳞和内脏，洗净，两面都剞上花刀；青、红椒洗净切末；猪肉洗净剁馅，备用。

②将猪肉馅和葱末、姜末、精盐、料酒搅匀后，填入鱼肚内。

③锅中猪油七成热时下入鲫鱼，煎至两面发挺、亮黄时烹入料酒；放入鲜汤、葱段、姜片，用旺火烧开约5分钟；放入豆腐块，改用中火炖，见鱼肉嫩熟后加入精盐、味精；汤汁开后将豆腐取出码在盘底，再取出鱼放在豆腐上，将汤汁倒在鱼身上即可。

④出锅之后撒上青、红椒末作为点缀。

操作要领

青、红椒最好用可生食的柿子椒。

营养贴士

此菜具有和中补虚、除羸、温胃进食、补中生气之功效。

● **主料：** 草鱼1条（实只取中间一段），鲜木耳100克，菜心少许

● **配料：** 色拉油50克，精盐5克，料酒8克，干淀粉、水淀粉、葱、姜各适量

操作步骤

①将草鱼洗净，切片裹干淀粉用温油滑熟；木耳洗净撕小朵备用，菜心洗净；葱、姜洗净切末备用。

②锅中倒入色拉油烧热，放入葱、姜末爆香；加入鱼片、木耳、菜心炒匀；加精盐、料酒调味；最后倒水淀粉勾薄芡即可。

操作要领

草鱼选用肥大的为宜，取其中间段。

营养贴士

木耳是有益健康的黑色食品，对于排除身体毒素功效一流。

视觉享受：★★★★★　味觉享受：★★★★★　操作难度：★

熘鱼片

TIME 22分钟

菜品特点
美味可口
美容抗老

青瓜煮鱼片

TIME 15分钟

菜品特点
彩色鲜丽
味美汤鲜

主料： 青瓜 200 克，新鲜鲈鱼肉 300 克

配料： 皮蛋 60 克，猪油 40 克，料酒 30 克，高汤 200 克，姜丝 5 克，精盐 3 克，白砂糖 2 克，鸡精 1 克，香油、胡椒粉各适量，香菜少许

操作步骤

①鲈鱼洗净切片；青瓜削皮去瓤，洗净切块；皮蛋去壳切块；香菜切段。

②炒锅内放猪油，油热时放入姜丝爆香；加料酒、高汤、精盐、白砂糖、鸡精、青瓜、皮蛋煮 3 分钟，再放入鱼片继续煮 2 分钟，撒上香油、胡椒粉、香菜即可。

操作要领

鲈鱼一定要选用新鲜的，否则将影响菜的鲜味。

营养贴士

鲈鱼具有补肝肾、益脾胃、化痰止咳之效，对肝肾不足的人有很好的补益作用。

视觉享受：★★★★★　味觉享受：★★★★★　操作难度：★

杜仲鱼唇

TIME 20分钟

菜品特点
糯软味美　滑嫩鲜香

主料： 鱼唇500克，杜仲30克

配料： 药酒、老抽、冰糖、味精、鸡油、上汤、葱丝、姜丝各适量

操作步骤

①水发鱼唇放入热水中剔去筋肉，洗净后切片，加姜丝、葱丝、上汤上蒸笼蒸透。

②杜仲洗净，加上汤慢火熬煮15分钟后去渣留汁。

③把杜仲汁和蒸透的鱼唇一起放入砂锅中，加老抽、冰糖、味精、上汤、药酒焖5分钟，勾芡，淋上鸡油即可。

操作要领

鱼唇本身没有鲜味，高汤泡养以求鲜。

营养贴士

鱼唇是海味八珍之一，采用鲨鱼及犁头鳐的唇部和皮加工而成，营养丰富，一般人群均可食用。

主料： 基围虾300克，红杭椒100克

配料： 干红椒13克，蒜泥8克，香醋15克，酱油10克，白糖2克，料酒15克，精盐3克，香葱、姜各7克，熟白芝麻5克

操作步骤

①将香葱、红杭椒、干红椒洗净切段；姜洗净切末，与香葱、红杭椒、干红椒一起放在碗中，用精盐、料酒腌渍2分钟；将基围虾背部划开，取出虾钱。

②沸水锅中，先后加入已开背的基围虾、料酒、精盐、香葱、姜；待基围虾煮熟后捞起，置入冰水中。

③将腌渍好的干红椒等加入蒜泥、酱油、香醋、白糖等调料放入深口碗内，然后将凉透的基围虾放入盆中，加熟白芝麻略微搅拌一下，即可上桌食用。

操作要领

干红椒、红杭椒、生姜、香葱腌渍后过油略炒，味道会更加鲜美。

营养贴士

基围虾适宜肾虚阳痿、男性不育症、腰脚无力之人食用。

视觉享受：★★★★★　味觉享受：★★★★★　操作难度：★

脆椒基围虾

TIME 40分钟

菜品特点
清爽可口

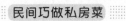

TIME 20分钟

菜品特点
入口松软
酥香味浓

香葱虾皮炒鸡蛋

 **主料：** 虾皮100克，鸡蛋3个，香葱80克
配料： 姜、精盐、花生油、料酒各适量

操作步骤

①香葱洗净切丁；姜洗净切丝；虾皮洗净。

②鸡蛋磕碗内，加精盐及洗净的虾皮拌匀；锅中油热时将鸡蛋和虾皮下锅炒熟，盛起备用。

③锅内注花生油，下香葱丁、姜丝炒香；烹料酒；下炒好的鸡蛋和虾皮，加精盐调味，翻匀出锅；撒上香葱即成。

操作要领

此菜可加入适量青椒末以增色添香。

营养贴士

虾皮中钙的含量极为丰富，有"钙库"之称，是缺钙者补钙的较佳途径。

视觉享受：★★★★★ 味觉享受：★★★★★ 操作难度：★★

酸萝卜炒虾仁

TIME 18分钟

菜品特点
酸香味美

- **主料：** 虾仁100克，西蓝花、酸萝卜各150克
- **配料：** 姜丝、精盐、油、生抽、生粉各适量

操作步骤

①西蓝花去梗，洗净，切小朵；酸萝卜洗净切条；虾仁去头、去壳、去肠，用生抽、油、淀粉腌渍6分钟。

②西蓝花焯水；在热油锅中爆香姜丝、虾头、虾壳；加入西蓝花、酸萝卜均匀翻炒。

③另起锅加油，加入虾仁，大火翻炒几下，倒入西蓝花和酸萝卜继续大火炒均匀，加入精盐调味，用生粉勾芡即可。

操作要领

虾头、虾壳爆香后去渣留汁。

营养贴士

虾仁味甘、咸、性温，具有补肾壮阳、理气开胃之功效。

- **主料：** 鲫鱼400克，豆腐500克，肉末100克，蒜苗60克
- **配料：** 红杭椒40克，香葱30克，姜8克，味精2克，酱油10克，水淀粉12克，精盐3克，色拉油70克，豆瓣酱25克，花椒面20克

操作步骤

①将鱿鱼洗净，豆腐洗净切块，蒜苗洗净切粒，红杭椒、香葱、姜均洗净切末备用。

②锅内放色拉油烧热，放入香葱、姜、豆瓣酱炒香；加入清水，烧开后加精盐、味精、酱油调味，将鲫鱼、肉末、红杭椒和豆腐块放入，用小火烧入味。

③汤汁较浓时，将鱼用筷子拖入盘中，锅内放入蒜苗粒翻炒，用水淀粉勾芡，使豆腐完全附味，然后装盘，撒上花椒面即可。

操作要领

一定要选用老嫩适宜的豆腐，过老影响口感，过嫩则易散。

营养贴士

豆腐高蛋白、低脂肪，具有降血压、降血脂、降胆固醇的功效。

视觉享受：★★★★★ 味觉享受：★★★★★ 操作难度：★★

麻婆豆腐鱼

TIME 20分钟

菜品特点
两草合一
香味互融

豆豉鱼

TIME 数小时

菜品特点
鲜香酥软

主料： 青鱼1条

配料： 植物油、五香干豆豉、花椒、豆瓣酱、姜粒、蒜粒、精盐、鸡精、味精、料酒、红苕粉、花椒各适量

操作步骤

①将青鱼去鳞、剔腮、掏内脏，洗净横切刀花，抹入花椒、豆瓣酱、姜粒、蒜粒、精盐、鸡精、味精、料酒及红苕粉，放置30分钟入味。

②旺火热锅，待油沸时放入青鱼，大火炸至表面焦黄、鱼骨酥脆即可盛出备用。

③把豆豉先放入碗中，调入蒜姜粒、味精、鸡精、精盐、花椒一起调匀；淋在炸好的青鱼表面，盖上

盖子放入高压锅中，中火蒸2个小时即可。

操作要领

"豆豉鱼"一般选用带鳞的大杂鱼，以青鱼为最佳。

营养贴士

青鱼具有益气、补虚、健脾、养胃、化湿、祛风、利水之功效，还可防妊娠水肿。

视觉享受：★★★★★ 味觉享受：★★★★★ 操作难度：★★

红焖鳙鱼头

TIME 24分钟

菜品特点
香味浓厚

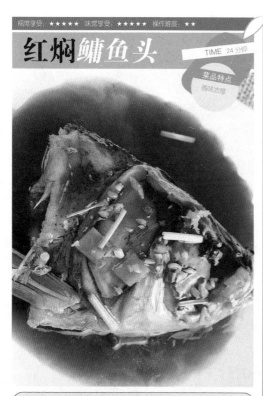

- **主料：** 鳙鱼头1个
- **配料：** 精盐、味精、白胡椒粉、姜、香葱、绍酒、熟猪油、高汤各适量，香菜少许

操作步骤

①将鳙鱼头处理干净，剞上花刀；将姜洗净切块；香菜洗净切段；香葱洗净切末备用。
②将锅置旺火上，注入熟猪油，下入姜块、香葱末煸炒出香气；放入鱼头，加入高汤、绍酒，煮至汤汁浓白、鱼头松软时捡出姜块；下入味精、精盐、白胡椒粉、香葱末。
③将鱼头及汤汁盛入砂锅内，置小火上煮5分钟，最后撒上香菜即成。

操作要领

鱼头里面的腮一定要去除干净。

营养贴士

鱼头具有营养高、口味好、富含人体必需的卵磷脂和不饱和脂肪酸。

- **主料：** 沙丁鱼500克，鸡蛋4个，面粉100克
- **配料：** 植物油600克（实用150克），精盐6克

操作步骤

①洗净沙丁鱼，去内脏，洒上一层精盐腌5分钟，备用。
②在碗里打入鸡蛋，搅散备用。
③将沙丁鱼沾面粉后，再裹一层鸡蛋液。
④热锅加油，油七成热后放入沙丁鱼，煎至金黄色即可出锅。

操作要领

油中可加入花椒，炸完鱼后再捞起。

营养贴士

沙丁鱼富有惊人的营养价值，富含磷脂、蛋白质和钙。

视觉享受：★★★★★ 味觉享受：★★★★★ 操作难度：★

酥炸沙丁鱼

TIME 20分钟

菜品特点
金黄美观
口感酥脆

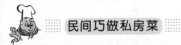

清汤火锅

TIME 30分钟

菜品特点
味道鲜美
四季皆宜

● **主料：** 鲜鲤鱼1条
● **配料：** 色拉油100克，枸杞2克，高汤适量，葱、姜各15克

 **操作步骤**

①将鲤鱼去鳞、去鳃、去内脏，洗净；姜去皮洗净切片；葱洗净切段备用。

②锅内注入色拉油，油热时放入鲤鱼，两面煎炸至微黄捞起，控油备用。

③在火锅内注入高汤，放入煎好的鲤鱼、姜片、枸杞；高汤煮沸时加入葱段即可。

 **操作要领**

此菜宜加入各种蔬菜相配食用。

营养贴士

此菜有促进生长发育、改善缺铁性贫血、增强记忆力的功效。

视觉享受：★★★★★ 味觉享受：★★★★★ 操作难度：★★

烧蒸鳗鱼

TIME 35分钟

菜品特点
色泽自然
口味鲜香

⇒ 主料： 河鳗鱼 500 克，银杏罐头 100 克

⇒ 配料： 香菜 65 克、葱、姜、料酒、老抽、白糖、精盐、胡椒粉、醋、高汤、食用油、淀粉各适量

操作步骤

①将鳗鱼剖腹洗净，放入七八成热的开水中，加入醋、精盐焯一下切成段。

②将银杏罐头打开控干水；葱、香菜洗净切成段；姜洗净切片。

③坐锅点火倒入油，油热放入葱段、姜片煸炒出香味，放入鱼段、料酒、老抽、白糖、精盐、胡椒粉、醋、高汤，待锅开加入银杏翻炒，再放到蒸锅中蒸15 ~ 20分钟。

④将蒸好的鱼汤倒入锅中，开锅后用淀粉勾芡并淋在鱼上，撒上香菜即可。

操作要领 ◄◄◄

焯鳗鱼时一定要加入适量的醋。

营养贴士

鳗鱼具有补虚养血、祛湿、抗痨等功效，是久病、虚弱、贫血、肺结核等病人的良好营养品。

⇒ 主料： 熟肥肠 300 克，青鱼 500 克

⇒ 配料： 白酒 40 克，干红椒 20 克，蒜叶30 克，精盐 2 克，鸡蛋清 1 个，淀粉 10 克，胡椒粉 5 克，葱姜水、蒜泥各 10 克，野山椒、泡椒各 10 克，红油 30 克，火锅底料适量

操作步骤 ◄

①将鱼切片，用白酒、葱姜水、精盐腌渍 5 分钟，加蛋清、淀粉拌匀上浆，入冰箱冷冻室放 5 分钟。

②卤好的肥肠切成段备用；熬好火锅的底料捞出杂质放入浆好的鱼片、卤好的肥肠、干红椒、野山椒、泡椒烧 5 分钟出锅入盆。

③锅内放入红油，下胡椒粉、蒜泥，烧热浇入盆内，撒上蒜叶即可。

操作要领 ◄◄◄

熬火锅底料时，时间可适当延长，但熬好后杂质一定要去净。

营养贴士

肥肠有润肠治燥、调血痢脏毒的作用，对大肠病变等疾病也有明显改善效果。

视觉享受：★★★★★ 味觉享受：★★★★★ 操作难度：★★

肥肠鱼

TIME 35分钟

菜品特点
绵软鲜美

五香黄花鱼

TIME 20分钟

视觉享受：★★★★★
味觉享受：★★★★★
操作难度：★★

菜品特点
金黄酥脆

➡ **主料：** 黄花鱼 500 克

➡ **配料：** 五香粉、精盐、酱油、干川椒、葱末、姜末、大料、花椒、植物油、香叶、生菜、红椒各适量

🍴 操作步骤

①黄花鱼去除内脏清洗干净，控水；生菜、红椒洗净分别切花状备用。

②锅中油热时放入黄花鱼，炸至金黄酥脆。

③锅内放水、葱末、姜末、大料、花椒、香叶、干川椒、五香粉、精盐、酱油，煮开；放入炸好的黄花鱼，中火煮至鱼内部入味后，将鱼捞出装盘。

④装盘时在鱼鳃里塞上生菜叶和红椒作为点缀。

🔥 操作要领

油炸黄花鱼时一定要炸干，但是不要过老。

👉 营养贴士

五香黄花鱼，口感清爽不油腻，香味浓郁，肉酥松可口，是下酒下饭的美味。

视觉享受：★★★★★ 味觉享受：★★★★★ 操作难度：★★

柱侯煎鱼排

TIME 26 分钟

菜品特点
色泽鲜红
肉质醇香

> **主料：** 新鲜鱼排 150 克
> **配料：** 蒜蓉 10 克，香葱 20 克，植物油、水淀粉、胡椒粉、生粉、精盐、白糖各适量，柱侯酱 40 克

操作步骤

①胡椒粉、精盐、白糖拌匀；香葱洗净切末；将鱼排洗净，用拌匀的腌料腌 15 分钟。

②将鱼排沾上生粉，用油将鱼排煎熟，盛起备用。

③热锅加油，爆香蒜蓉及香葱粒，加入柱侯酱翻炒，用水淀粉勾芡，煮至沸滚，淋在鱼上，饰以香葱粒即可。

操作要领

芡汁应浓稀相宜，切不可加得太多。

营养贴士

此菜有降糖、护心和防癌的作用。

> **主料：** 黄鱼 1 条，肉丝 100 克
> **配料：** 辣椒丝、香菇丝、冬笋丝、榨菜丝各 25 克，料酒、精盐、葱丝、姜丝、酱油、胡椒粉、味精、香油各适量

操作步骤

①黄鱼洗净，两侧剞一字花刀，用料酒、精盐、葱丝、姜丝、胡椒粉腌半小时。

②另起锅下油，煸炒肉丝，下辣椒丝、葱丝、姜丝煸炒，再放入香菇丝、冬笋丝、榨菜丝，加酱油、胡椒粉、料酒、味精炒匀，出锅后浇在鱼上。

③上笼蒸熟，取出后在表面撒葱丝，浇些香油即成。

操作要领

黄鱼应选用体型较大的为佳。

营养贴士

黄鱼含有丰富的蛋白质、微量元素和维生素，对人体有很好的补益作用。

视觉享受：★★★★★ 味觉享受：★★★★★ 操作难度：★★

干蒸黄鱼

TIME 30 分钟

菜品特点
色鲜味美

花生乌鱼

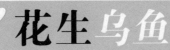

TIME 数小时

菜品特点 营养丰富

视觉享受：★★★★★
味觉享受：★★★★★
操作难度：★★

➡ **主料：** 乌鱼 300 克，花生仁 150 克

➡ **配料：** 精盐 4 克，味精 1 克，红枣适量

🥄 操作步骤

①乌鱼去皮、内脏，洗净，放入水煲内煮 5 分钟，取出洗净。

②洗煲，重新添水，将乌鱼、花生和红枣放入煲内用文火煮 2 小时，加入精盐、味精调味即成。

🥄 操作要领

可用炒熟或炸熟的花生米加入煲内，味道更香。

👉 营养贴士

乌鱼特别适宜阴虚体质、贫血，者食用。

视觉享受：★★★★★ 味觉享受：★★★★★ 操作难度：★★

白汁鱼肚

TIME 35 分钟

菜品特点
色白味鲜

主料： 鱼肚 250 克，奶汤 300 克，花菜 200 克

配料： 植物油 100 克，鸡油 50 克，料酒 25 克，温碱水、湿淀粉各 30 克，精盐 8 克，味精、胡椒粉各 5 克

操作步骤

①将鱼肚用植物油浸软，捞出切小块，再下入油中继续浸泡。

②待鱼肚出现气泡时提高油温，使鱼肚全部鼓起；加水使之彻底发透。

③将油发鱼肚用水泡上，待皮发软时挤去水分斜切成较大的片；用温碱水洗去鱼肚油腻，再用温水洗去碱味，最后用凉水洗净，挤去水分。

④油锅烧热后，加入奶汤、料酒、精盐、胡椒粉、鱼肚、花菜，以中火炖至汁浓时加味精，用湿淀粉勾芡，淋上鸡油。

操作要领

一定要彻底洗去碱味，否则将影响鱼肚的鲜香。

营养贴士

鱼肚对肾结石、胃和十二指肠溃疡、风湿性心脏病、妇科月经不调等症均有较好疗效。

主料： 嫩木瓜 500 克，刀鱼 350 克

配料： 生姜、葱各 5 克，精盐 8 克，味精 4 克，白糖 2 克，上汤 100 克，生抽 10 克，绍酒 6 克，湿生粉 5 克，花生油 15 克

操作步骤

①刀鱼宰杀干净切片；嫩木瓜切成菱形丁；生姜切片，葱切段。

②锅内加水烧开，放入嫩木瓜稍煮片刻，捞起待用。

③炒锅下花生油，加入姜片、刀鱼，将鱼煎至金黄，添入绍酒，加入上汤烧开，放入木瓜、精盐、味精、白糖、生抽烧煮片刻，用湿生粉勾芡，放入葱段即可。

操作要领

木瓜煮的时间不能太久，否则颜色欠佳。

营养贴士

木瓜性温味甘、酸，有平胃和胃、去湿舒筋之功效。

视觉享受：★★★★★ 味觉享受：★★★★★ 操作难度：★★

木瓜烧刀鱼

TIME 28 分钟

菜品特点
清香爽口

 TIME 36 分钟

菜品特点
色泽鲜香
酸辣可口

泡椒焖鲶鱼

视觉享受：★★★★★
味觉享受：★★★★★
操作难度：★★

➡ **主料：** 大鲶鱼 1 条

👉 **配料：** 姜丝 15 克，蒜 20 克，红泡椒 70 克，泡椒水 120 克，色拉油、葱花、花雕酒、香菜叶各适量

 操作步骤

①将鱼洗净，削头去尾，鱼身划上花刀，不要切断。

②锅中入油，放入葱花、姜丝爆香，接着放入鱼头、鱼尾、鱼身略微煎。

③鱼身煎好后取出，留鱼头、鱼尾在锅中，放入红泡椒、蒜、泡椒水翻炒片刻；加入清水，将鱼头、鱼尾煮 10 分钟，再放入鱼身，倒入花雕酒；大火煮开后转小火焖 15 分钟。

④起锅时，上面放一些香菜叶点缀。

操作要领

泡椒的量要掌握好，不能掩盖住鱼汤的鲜美。

👉 营养贴士

中医认为，鲶鱼味甘性温，有补中益阳、利小便、疗水肿等功效。

视觉享受：★★★★★ 味觉享受：★★★★★ 操作难度：★★

大碗蒸鱼

TIME 25分钟

菜品特点
肉质鲜嫩

主料： 草鱼600克

配料： 鸡油30克，姜丝、蒜末、白糖、醋、淀粉、八角、酱油、葱丝、精盐、料酒、香菜叶、生抽各适量

操作步骤

①将鱼去皮、洗净、切片，放入葱丝、姜丝、精盐、料酒腌渍。

②将腌好的草鱼放入大碗中，上蒸锅蒸10分钟。

③锅内放鸡油，放入葱丝、姜丝、蒜末、八角、生抽一起煸炒；放酱油，加清水、醋、白糖、精盐；用淀粉勾芡做成美味汁；将蒸好的草鱼取出，淋上美味汁，放入香菜叶作为点缀即可。

操作要领

八角不可放入过多，否则将影响鲜香口感。

营养贴士

草鱼含有丰富的硒元素，经常食用有抗衰老、养颜的功效，而且对肿瘤也有一定的防治作用。

主料： 绿豆芽200克，咸鱼80克

配料： 植物油、蒜末、葱末、精盐、白糖、味精各适量

操作步骤

①将绿豆芽掐去两头的叶与根，洗净备用；咸鱼洗净切丁。

②锅中放油，烧热后，先把咸鱼丁倒进去炸硬；再倒入蒜末、葱末爆香，倒入豆芽翻炒，加入精盐、白糖、味精、葱末，快速翻炒均匀，即可起锅。

操作要领

豆芽倒进锅中翻炒的时间最好在半分钟以内，否则影响豆芽的爽脆口感。

营养贴士

绿豆芽清暑热、通经脉、解诸毒，还能补肾、利尿、消肿、滋阴壮阳。

视觉享受：★★★★★ 味觉享受：★★★★★ 操作难度：★★

咸鱼绿豆芽

TIME 16分钟

菜品特点
香脆可口

TIME 30 分钟

菜品特点
汤汁鲜美
肉质鲜嫩

泡椒辣鱼丁

视觉享受：★★★
味觉享受：★★★★★
操作难度：★★★

主料： 鳝鱼肉 300 克，番茄酱 260 克

配料： 泡椒末 50 克，姜末、蒜片、淀粉、植物油、香油、酱油、高汤、料酒、胡椒粉、精盐、味精各适量

操作步骤

①将鱼肉洗净切丁，然后加胡椒粉、精盐、料酒、淀粉拌匀腌渍 10 分钟。

②锅中放油，至六成热时，放入鱼肉丁，炸成金黄色捞起。

③锅内留底油，放入泡椒末、姜末、蒜片炒香，倒入高汤烧开；然后将鱼肉丁倒入锅内，加入胡椒粉焖 5 分钟；最后加料酒、味精、酱油、香油、番茄酱翻炒片刻，盛盘即可。

操作要领

做此菜时，料酒和味精加入一定要适量，否则将会破坏泡椒的香辣口感。

 **营养贴士**

此菜具有健胃、养血的功效。

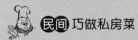

民间 巧做私房菜

★★★★★

巧做私房菜
汤品类

★★★★★

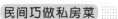

番茄鳝鱼汤

TIME 80分钟

菜品特点
软嫩清新
浓香透人

视觉享受：★★★★★
味觉享受：★★★★★
操作难度：★

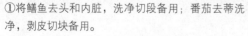 **主料：** 鳝鱼肉 300 克，番茄 260 克

配料： 精盐、胡椒粉、料酒、橄榄油、葱段、姜片、鸡精各适量

操作步骤

①将鳝鱼去头和内脏，洗净切段备用；番茄去蒂洗净，剥皮切块备用。

②锅中放橄榄油烧至五成热，放入鳝鱼煎一下；放入姜片、葱段、料酒，加清水；水开后去浮沫，把汤倒入炖锅中。

③用中火煮 1 小时，待汤呈奶白色后，加入番茄块，再炖 10 分钟，然后加入精盐、鸡精、胡椒粉调味

即可。

操作要领

将鳝鱼放在盆中，加入清水，滴几滴油，可使鳝鱼吐净污物。

营养贴士

此菜有补气养血、温阳健脾、滋补肝肾、祛风通络等医疗保健功能。

130

视觉享受：★★★★★　味觉享受：★★★★★　操作难度：★★

乌豆鲤鱼汤

TIME 28分钟

菜品特点
香味浓郁

主料： 黑豆 30 克，活鲤鱼 1 条

配料： 香油、姜丝、生抽、淀粉、味精各适量

操作步骤

①活鲤鱼宰杀，冲洗干净，去鱼头、鱼尾，取鱼身切段备用；黑豆用温水泡软洗净；用淀粉、味精调成汤汁，备用。

②旺火热锅，加入香油，待六成热时放入姜丝、生抽，炒出香气后加入调好的汤汁，将黑豆与鲤鱼一起放入锅中炖煮。

③锅中炖至鲤鱼和黑豆俱都熟烂，汤成浓汁即可。

操作要领

本菜不放精盐、酱油，可加少量葱、姜。

营养贴士

此菜具有健脾补肾、消水肿的作用。

主料： 冬瓜 500 克，草鱼 250 克

配料： 料酒、精盐、葱段、姜片、猪油、鸡汤、植物油各适量

操作步骤

①草鱼去鳞、鳃、内脏，洗净切块；冬瓜去皮、瓤，洗净，切块备用。

②锅上旺火，倒入植物油，将草鱼放入锅中，煎片刻，注入鸡汤，放入冬瓜、料酒、精盐、葱段、姜片、猪油；烧开后，撇净浮沫，改用小火，煮至鱼熟烂，拣出葱、姜，出锅即成。

操作要领

此菜可加入适量香菜，以增添汤汁的鲜美。

营养贴士

此菜对高血压、肝阳上亢引起的头痛、痰浊眩晕、虚痨浮肿等症有较好的食疗作用。

视觉享受：★★★★★　味觉享受：★★★★★　操作难度：★★

冬瓜草鱼汤

TIME 40分钟

菜品特点
营养丰富

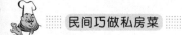

墨鱼蛤蜊鲜虾汤

视觉享受：★★★★★
味觉享受：★★★★★
操作难度：★

TIME 40分钟

菜品特点
汤鲜醇厚
芳香味浓

🔵 **主料**：墨鱼300克，蛤蜊肉、大虾、山药各适量

🟤 **配料**：丁香6克，鸡汤适量，味精3克，精盐、葡萄酒各少许

🔄 操作步骤

①将蛤蜊肉和大虾分别洗净；山药去皮洗净，切条；墨鱼除去腹内杂物，洗净，在开水里速烫一遍后切成小片。

②火锅上桌，放入鸡汤、葡萄酒、丁香、味精和精盐，点燃火锅，汤沸后加入墨鱼、蛤蜊肉、大虾、山药，用旺火烧5分钟，便可食用。

💧 操作要领

葡萄酒切不可加入太多。

📋 营养贴士

此菜有滋阴明目、滋润皮肤的食疗作用。

视觉享受：★★★★★　味觉享受：★★★★★　操作难度：★

羊肉 大补汤

TIME 2小时

菜品特点
汤汁鲜美
营养主富

主料： 羊肉500克

配料： 姜10克，料酒5克，精盐、胡椒粉各2克，白糖5克，味精1克

操作步骤

①羊肉洗净剁块；姜去皮洗净，切丁。
②锅内加水，待水开时放入羊肉块，用中火煮去血水，捞起冲净待用。
③在汤碗内放入羊肉块、姜丁、精盐、味精、白糖、胡椒粉、料酒，注入清水，放入蒸锅蒸2小时拿出即可。

操作要领

一定要等水开后才能放入羊肉块，否则将不能除去羊肉的死血和膻气。

营养贴士

《本草纲目》："羊肉能暖中补虚，补中益气，开胃健身，益肾气，养胆明目，治虚劳寒冷，五劳七伤。"

主料： 羊肉400克，粉皮200克（浸水之后）

配料： 姜片12克，枸杞子10克，香油15克，精盐3克，白糖5克，味精1克

操作步骤

①羊肉洗净切块，泡水一夜，次日拿出下锅焯水；重新洗净之后放入砂锅中，放冷水、姜片、枸杞子，煮150分钟。
②用开水浸泡粉皮，将泡好的粉皮放入煮好的羊肉中，加入香油、精盐、白糖、味精，待粉皮熟透即可。

操作要领

粉皮吸水性较强，所以浸淀粉皮的开水一定要足量。

营养贴士

羊肉营养价值很高，凡肾阳不足、腰膝酸软、腹中冷痛、虚劳不足者皆可用它作食疗品。

视觉享受：★★★★★　味觉享受：★★★★★　操作难度：★

羊肉 粉皮汤

TIME 数小时

菜品特点
鲜香味美

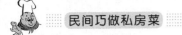

豆腐羊肉汤

视觉享受：★★★★★
味觉享受：★★★★★
操作难度：★★

TIME 60分钟

菜品特点
汤鲜肉嫩

> **主料：** 羊肉300克，豆腐500克

> **配料：** 蒜末2克，料酒4克，姜末、花椒各5克，精盐3克，味精1克，植物油60克，鲜汤适量

操作步骤

①将羊肉洗净切块；豆腐切块备用。

②锅置火上，放油烧热，投入花椒和羊肉块，将羊肉块炒至变色；加入鲜汤、姜末、料酒、蒜末和精盐，倒入煲内，用小火烧至酥烂；下入豆腐块烧透，撒入味精即成。

操作要领

豆腐不易入味，可提前用少许精盐腌渍。

营养贴士

此菜对肺结核、气管炎、哮喘、贫血、产后气血两虚、腹部冷痛、体虚畏寒、营养不良等疾病有良好的食疗效果。

视觉享受：★★★★★　味觉享受：★★★★★　操作难度：★★

龟羊汤

TIME 90 分钟

菜品特点
芳芬醒脾
软烂鲜嫩

> **主料：** 羊肉、龟肉各 100 克
>
> **配料：** 党参、枸杞子各 10 克，当归、姜片各 6 克，冰糖、葱段、料酒、味精、胡椒粉、熟猪油各适量

操作步骤

①将龟肉用沸水烫一下，刮去表面黑膜，剔去脚爪洗净；党参、枸杞、当归用水洗净；羊肉刮洗干净，将龟肉、羊肉随冷水下锅，煮开 2 分钟，去掉腥味捞出，用清水洗净，然后均匀切成方块。

②锅置旺火上，放入熟猪油，烧至六成热时，下龟肉、羊肉煸炒，烹入料酒，炒干水分；然后放入砂锅，加入冰糖、党参、当归、葱段、姜片，加清水用旺火烧开，再移至小火上炖煮；待九成烂时放入枸杞子，继续炖 10 分钟左右离火，去掉姜片、葱段、当归，放入味精、胡椒粉即成。

操作要领

清水一次加足，大火烧开，小火慢炖，不可中途续水。

营养贴士

龟肉味甘、咸、性平，入肺、肾二经，有滋阴补血功效；羊肉富含营养，有益气补虚、壮阳暖身的作用。

> **主料：** 羊肚、鲜笋各 200 克
>
> **配料：** 姜 10 克，大麦 100 克，香葱 5 克，鸡油 50 克，精盐 3 克，味精 2 克，白纱布 1 块

操作步骤

①将羊肚反复擦洗干净，切成长条状；鲜笋洗净切片；大麦淘洗干净，用白纱布包裹起来；姜洗净切丁；香葱洗净切末。

②在炖盅里加入沸水，放入羊肚、姜、包裹的大麦，加盖炖煮。

③锅内水开后，先用中火炖 60 分钟，然后加入笋片，用小火炖 120 分钟即可。

④炖好后，取出大麦渣；加入鸡油、精盐、味精、香葱即可。

操作要领

白纱布应选用透水性较强的类型。

营养贴士

此菜有补气强精、益肾养肺的作用。

视觉享受：★★★★★　味觉享受：★★★★★　操作难度：★★

笋片大麦羊肚汤

TIME 3 小时

菜品特点
鲜味浓郁

南瓜牛腩汤

视觉享受：★★★★★
味觉享受：★★★★★
操作难度：★★

菜品特点
菜色鲜美

➡ **主料：** 牛腩、南瓜各300克
➡ **配料：** 精盐3克，香油5克

🌀 操作步骤

①南瓜洗净切块；牛腩洗净切块，焯水。

②牛腩放入煲内，清水炖煮30分钟；加入南瓜，焖60分钟。

③放入精盐、香油即可食用。

💧 操作要领

南瓜易烂，应切得稍大一些。

📖 营养贴士

南瓜中高钙、高钾、低钠，特别适合中老年人和高血压患者，有利于预防骨质疏松和高血压。

视觉享受：★★★★★ 味觉享受：★★★★★ 操作难度：★

牛筋花生汤

TIME 2小时

菜品特点
汤浓味鲜

主料： 牛蹄筋 100 克，花生仁 150 克，胡萝卜 120 克

配料： 姜片 10 克，赤砂糖 5 克

操作步骤

①牛蹄筋洗净，切段；花生仁洗净；胡萝卜去皮洗净切丁备用。

②将牛蹄筋、花生仁、姜片放砂锅中，加水，文火炖煮 90 分钟后加入胡萝卜。

③煮至牛蹄筋与花生熟烂，汤汁浓稠时，加入赤砂糖，搅匀即可。

操作要领

此汤不宜放入油和精盐。

营养贴士

此汤具有养血补气、强壮筋骨的功效。

主料： 海参 20 克，香菇 40 克，牛肝菌 60 克，鸡汤适量

配料： 韭菜、姜、精盐各适量

操作步骤

①香菇、牛肝菌去根洗净，焯水后切片；韭菜洗净切段；姜洗净切粒备用。

②高压锅内添加鸡汤，加入海参，蒸煮 5 分钟后倒入砂锅中；加入香菇、牛肝菌、姜、精盐炖煮至熟。

③出锅前加入韭菜即可。

操作要领

此汤为滋补品，不宜添加调料。

营养贴士

此汤对肺痨咳嗽、潮热咯血、食少羸瘦、吐血、便秘者有较好的食疗作用。

视觉享受：★★★★★ 味觉享受：★★★★★ 操作难度：★★

海参牛肝菌汤

TIME 40分钟

菜品特点
香气浓郁
亦菜亦汤

 TIME 20分钟

菜品特点
色泽鲜艳

虾仁韭菜豆腐汤

视觉享受：★★★★★
味觉享受：★★★★★
操作难度：★

> **主料：** 豆腐300克，青蒜叶50克，虾仁100克，鸡汤600克
>
> **配料：** 精盐、胡椒粉各适量

操作步骤

①豆腐切块；青蒜叶切末；虾仁洗净备用。

②锅中注入鸡汤，煮开；下入豆腐、虾仁，煮到沸腾；转文火煮15分钟，加入青蒜叶。

③改旺火煮沸后关火，最后加精盐、胡椒粉调味即可。

操作要领

此汤炖煮时间不宜过久。

营养贴士

豆腐是最佳的低胰岛素的氨茎的特种食品，可以改善人体脂肪结构。

视觉享受：★★★★★ 味觉享受：★★★★★ 操作难度：★★

红枣枸杞牛蛙汤

TIME 25分钟

菜品特点
汤鲜肉美
营养丰富

⇒ **主料：** 牛蛙 500 克

⇒ **配料：** 高汤 800 克，熟猪油 30 克，枸杞、干红枣各 30 克，精盐、味精、白糖、酱油、葱、姜、大料、料酒、白胡椒面各适量

操作步骤

①先将牛蛙用热水氽一下捞出。

②另起锅，放入熟猪油，用葱、姜、大料炝锅；放入牛蛙，烹入料酒，加高汤；放入枸杞、干红枣；加入精盐、味精、白糖少许；将高汤烧开，小火炖至牛蛙熟透。

③出锅时放入胡椒面即可。

操作要领

操作之前把牛蛙用开水氽透，以免有异味。

营养贴士

牛蛙还有滋补解毒的功效，消化功能差或胃酸过多的人以及体质弱的人可以用来滋补身体。

⇒ **主料：** 白果 20 克，莲子 15 克

⇒ **配料：** 白糖适量

操作步骤

①将白果、莲子洗净备用。

②在炖盅中加入清水，将白果和莲子放入其中。

③待水沸后加入白糖。

④将白果、莲子炖熟即可。

操作要领

此汤属清汤炖品，不宜加入调料。

营养贴士

此汤具有敛肺、涩精、消炎、止痛的功用。

视觉享受：★★★★★ 味觉享受：★★★★★ 操作难度：★

白果莲子汤

TIME 25分钟

菜品特点
着气充盈
色泽金黄

西红柿海带汤

TIME 20 分钟

视觉享受：★★★★★
味觉享受：★★★★★
操作难度：★

菜品特点
清爽可口

> **主料：** 西红柿 60 克，水发海带 200 克
>
> **配料：** 鲜柠檬汁 6 克，奶油 50 克，酱油 3 克，精盐 2 克，高汤 650 克，香菜梗 5 克，木耳适量

操作步骤

①将水发海带、西红柿洗净，切块；香菜梗洗净切末；鲜柠檬取汁备用；木耳洗净撕小朵，入沸水中略焯，捞出，沥干水分备用。

②锅内注入高汤，放入海带煮 5 分钟。

③再在高汤中放入木耳、西红柿、奶油、酱油、精盐、鲜柠檬汁，煮开。

④出锅前撒上香菜梗即可。

操作要领

宜选用小西红柿，洗净后切成两半。

营养贴士

海带具有降血脂、降血糖、调节免疫、抗凝血、抗肿瘤、排铅解毒和抗氧化等多种功效。

视觉享受：★★★★★ 味觉享受：★★★★★ 操作难度：★

泥鳅河虾汤

TIME 28分钟

菜品特点
味道鲜美
营养滋补

主料： 泥鳅 100 克，河虾 130 克

配料： 鸡油 25 克，高汤 800 克，精盐 3 克

操作步骤

①将泥鳅去内脏，洗净，装盘备用。

②在锅上火放油，烧热后放入河虾，迅速翻炒，炒至河虾颜色转红（有的转白）时盛起，放入器具中摊开，晾至常温，洗净，备用。

③在火锅内注入高汤，放入鸡油、精盐；先后加入泥鳅、河虾，煮熟即可。

操作要领

炒河虾时，锅中不必加入油、精盐及任何调料。

营养贴士

泥鳅体内含有丰富的核苷，核苷是各种疫苗的主要成分，能提高身体抗病毒能力。

主料： 猪蹄 1000 克，花生米 100 克

配料： 葡萄干 20 克，精盐、味精、胡椒粉各适量

操作步骤

①花生米洗净，用清水泡涨；猪蹄剁块洗净，放进加了料酒的清水锅里煮至出浮沫，捞出洗净，沥干备用。

②锅中加入清水，放入猪蹄；大火烧开后，加精盐，转小火加盖煮 30 分钟；放入葡萄干、泡涨的花生米，继续煮 2 小时，放入胡椒粉和味精即可。

操作要领

葡萄干若是鲜活的可以晚放 40 分钟。

营养贴士

此菜有温和血脉、润肌肤、填肾精、健腰腿的作用。

视觉享受：★★★★★ 味觉享受：★★★★★ 操作难度：★

花仁蹄花汤

TIME 数小时

菜品特点
肉嫩汤鲜

鲜虾丝瓜鱼汤

视觉享受：★★★★★
味觉享受：★★★★★
操作难度：★★

TIME 35 分钟

➡ **主料**：鱼1条，鲜虾120克，丝瓜200克，玉米笋适量
➡ **配料**：猪油75克，精盐8克，味精2克，料酒25克，胡椒粉少许，高汤适量

🍴 操作步骤

①鱼取中间一段，洗净切块；丝瓜去皮，洗净，切块；玉米笋洗净切段；鲜虾洗净备用。
②锅中注入猪油，烧至七成热时将鱼块放入，略煎，待鱼块变色后烹入料酒、加入高汤。
③高汤煮沸后加入玉米笋、鲜虾、丝瓜、精盐、味精；煮熟后撒上胡椒粉即可。

📖 操作要领

此汤中的鱼宜选用3斤左右的鲤鱼为佳。

👉 营养贴士

丝瓜有清凉、利尿、活血、通经、解毒之效，还有抗过敏、美容之功用。

理气牛肉汤

视觉享受：★★★★★ 味觉享受：★★★★★ 操作难度：★

TIME 数小时

菜品特点
口感香浓

主料： 牛肉 300 克

配料： 枸杞 3 克，牛骨适量，香菜 5 克，味精 1 克，精盐 2 克

操作步骤

①牛肉洗净，切成薄片；香菜洗净切段。

②锅内注水，烧开，牛肉入锅，烧至 70℃时放入牛骨，大火烧制 3 小时。

③加入枸杞、精盐、味精；出锅时捞出牛骨，撒上香菜即可。

操作要领

牛骨以其腿骨为佳。

营养贴士

此汤有祛寒暖胃，补虚壮阳的食疗效果。

主料： 香芋 300 克，薏米 80 克，海带丝 20 克

配料： 精盐适量

操作步骤

①将香芋去皮、洗净，切成滚刀块；薏米用清水浸泡；海带洗净切丝备用。

②将泡软的薏米放入锅中，加入清水煮熟，再放入香芋、海带丝，加入精盐，用小火煮 1 小时即可。

操作要领

香芋比薏米易熟，所以一定要先放薏米。

营养贴士

薏米对脾胃虚弱、风湿关节炎、水肿、手脚伸屈不利、皮肤扁平疣（瘊子）等症有良好的改善作用。

香芋薏米汤

视觉享受：★★★★★ 味觉享受：★★★★★ 操作难度：★

TIME 80 分钟

菜品特点
润软香糯

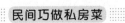

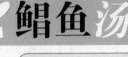 鲳鱼汤

视觉享受：★★★★★
味觉享受：★★★★★
操作难度：★

TIME 50 分钟

菜品特点
清新鲜美

主料： 鲳鱼 1 条，豆腐 300 克

配料： 鸡油 80 克，精盐 3 克，味精 1 克，料酒 8 克，鲜枸杞 2 克，姜、香葱各 4 克，淀粉 5 克，高汤适量

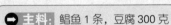 操作步骤

①将鲳鱼去鳞去鳃去内脏，划上刀花，用精盐、淀粉、料酒腌渍 10 分钟；豆腐用特制器具切花；姜洗净切丝；香葱洗净切末；鲜枸杞洗净备用。

②锅内倒入鸡油，油热时放入鲳鱼，两面煎至变色后加入高汤、精盐、豆腐、姜、味精、枸杞；待鱼熟透后撒上香葱即可。

操作要领

煎鱼时不可来回翻炒，一面煎好后再煎另一面。

营养贴士

鲳鱼具有益气养血、补胃益精、滑利关节、柔筋利骨之功效，对消化不良、脾虚泄泻、贫血、筋骨酸痛等很有效。

视觉享受：★★★★★　味觉享受：★★★★★　操作难度：★★

银耳枸杞山药汤

TIME 35分钟

菜品特点
香滑软糯

主料： 山药 200 克，莲子 100 克，红枣 60 克，枸杞 30 克，鲜银耳 150 克

配料： 冰糖 25 克

操作步骤

①银耳洗净，去根留叶；山药去皮切块；莲子、红枣洗净备用。

②锅中注入清水，水沸腾后加入冰糖、山药、枸杞、莲子、红枣，不停搅拌；5分钟后加入银耳，至熟即可出锅。

操作要领

煮山药、枸杞、莲子、红枣要不停地搅拌，避免粘锅。

营养贴士

枸杞补血明目，可增加白血球数量，使抵抗力增强、预防疾病。

主料： 猪肉 250 克，黄豆芽 200 克，冬瓜 150 克，鸡蛋 50 克

配料： 酱油 6 克，姜 10 克，葱 8 克，胡椒粉、味精各 5 克，精盐 7 克，胡椒 3 克，淀粉 15 克，香菜适量

操作步骤

①姜、葱洗净切末；猪肉剁细，装入碗内，加鸡蛋、淀粉、精盐、姜末、胡椒粉、葱末搅拌均匀成馅，做成直径约 15 厘米的肉饼；将豆芽掐足洗净；冬瓜去皮洗净切片；清菜洗净。

②分别将豆芽、冬瓜放入装有鲜汤的锅内煮，加精盐、酱油、胡椒、味精等调味。

③入味后，连汤带菜倒入汤碗内，将肉饼放在菜上，上笼蒸熟放入香菜点缀即成。

操作要领

姜和香葱一定要切碎，拌入肉馅后几乎看不见，才得此菜制作之神髓。

营养贴士

黄豆芽味甘、性凉，入脾、大肠经，具有清热利湿、消肿除痹、祛黑痣、治疣赘、润肌肤的功效。

视觉享受：★★★★★　味觉享受：★★★★★　操作难度：★★

豆芽肉饼汤

TIME 45分钟

菜品特点
营养丰富
口味咸鲜

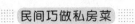

酸辣五丝汤

视觉享受：★★★★★
味觉享受：★★★★★
操作难度：★★

TIME 35分钟

菜品特点
酸辣鲜香

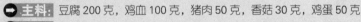

➡ **主料：**豆腐 200 克，鸡血 100 克，猪肉 50 克，香菇 30 克，鸡蛋 50 克

➡ **配料：**猪油 30 克，葱 15 克，醋 10 克，花椒、胡椒粉各 5 克，精盐 8 克，味精 4 克，鸡油 18 克，红辣椒 20 克，湿淀粉 12 克

操作步骤

①将豆腐、鸡血分别切成 5 厘米长的细丝；瘦肉、香菇分别切成 3 厘米长的细丝；鸡蛋打散；葱切短段；红辣椒洗净去籽切丝。

②坐锅上火放油，烧至五成熟；放花椒、葱段，炒出香味，去渣留汁，加汤；汤沸后放豆腐丝、鸡血丝、猪肉丝、香菇丝、红辣椒丝，烧开后撇去浮沫，放精盐、湿淀粉。

③待汤汁收浓后，将鸡蛋淋入划散，放猪油、葱段、胡椒粉、醋、味精、鸡油，盛在汤碗内即可。

操作要领

猪肉宜选用纯瘦肉。

营养贴士

鸡血含有丰富的蛋白质、铁、钴、凝血酶以及多种微量元素，是缺铁性贫血患者的补血佳品。

视觉享受 ★★★★★ 味觉享受 ★★★★★ 操作难度 ★★

香草牛尾汤

TIME 数小时

菜品特点
浓香汁浓

主料: 牛尾600克

配料: 洋葱100克, 胡萝卜60克, 香菜20克, 香葱6克, 红油20克, 辣椒油15克, 精盐3克, 料酒5克

操作步骤

①洋葱洗净切片; 胡萝卜洗净切丁; 香葱、香菜洗净切段; 牛尾剁成段, 用清水泡7小时, 洗净入锅, 加入料酒、清水, 煮5分钟。

②盛出牛尾, 用温水冲洗干净, 倒入汤锅; 锅内加入开水, 转小火炖3小时。

③3小时后加入红油、辣椒油、精盐; 倒入洋葱、胡萝卜, 继续炖1小时, 食用前撒入香葱、香菜即可。

操作要领

泡牛尾时每隔两小时换一次水。

营养贴士

牛尾既有牛肉补中益气之功, 又有牛髓填精补髓之效。

主料: 鸡肉、虾仁各200克, 油菜心350克

配料: 精盐3克, 味精2克, 料酒、淀粉各10克, 花生油50克, 高汤900克

操作步骤

①将高汤煮沸, 加入精盐、味精; 将虾仁洗净, 沥干水, 放在碗内; 鸡肉洗净切片, 与虾仁放一起, 加入精盐、淀粉拌匀; 油菜心洗净备用。

②将炒锅内倒入花生油, 烧至七成热时, 放入鸡肉、虾仁炒散, 加入料酒和味精, 炒熟即可。

③另取一炒锅倒入花生油, 烧至八成热时, 放入油菜心烧至颜色变深, 放入精盐、味精炒匀, 即可出锅。

④将油菜倒入鸡肉和虾仁中, 注入高汤, 烧沸即可食用。

操作要领

选用鲜虾仁, 汤的味道会更加鲜美。

营养贴士

此汤有补肾助阳之功效, 并且对阳痿、遗精、滑泄、尿频等症也有一定的辅助食疗作用。

视觉享受 ★★★★★ 味觉享受 ★★★★★ 操作难度 ★★

菜心虾仁鸡片汤

TIME 28分钟

菜品特点
汤味鲜香

竹笙鸡汤

视觉享受：★★★★★
味觉享受：★★★★★
操作难度：★★

TIME 3小时

菜品特点
营养主菜

● **主料：** 鸡1只
● **配料：** 竹笙80克，花旗参20克，红枣4个，菜心15克，精盐4克，高汤适量

 操作步骤

①将鸡去内脏洗净，放沸水中煮10分钟取出，用清水洗净；红枣去核；菜心去花，留下嫩茎洗净。
②将锅中高汤煮沸，下入整鸡、花旗参、红枣，大火煮沸后转用慢火煮2小时；下竹笙续煮30分钟；加入菜心茎煮沸，下精盐调味即成。

操作要领

此汤用竹丝鸡、山鸡或毛鸡，补益功效更佳。

☞ **营养贴士**

此汤有降血压及降胆固醇的食疗作用。

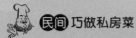

巧做私房菜
主食类

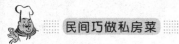

槐花鸡蛋饼

TIME 15分钟

菜品特点
香气宜人
口感绵软

视觉享受：★★★★★
味觉享受：★★★★★
操作难度：★

> 🔴 **主料：** 槐花 200 克，面粉 100 克，鸡蛋 4 个
> 🔴 **配料：** 精盐 5 克，鸡精 3 克，虾仁、葱花、姜末、植物油各适量

🔄 操作步骤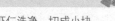

①槐花洗净，控干水分；虾仁洗净，切成小块。

②槐花、虾仁放入碗中，加入面粉、鸡蛋、葱花、姜末、鸡精、精盐搅拌均匀做成面糊。

③锅内倒入适量植物油，锅热后下入面糊摊平，两面煎至金黄盛出，晾凉后切成小块，摆盘即可。

🔵 操作要领

面粉量不要太多，只用鸡蛋液调匀即可，不需要放水。

👉 营养贴士

槐花能增强毛细血管的抵抗力，减少血管通透性，可使脆性血管恢复弹性的功能，从而降血脂和防止血管硬化。

视觉享受：★★★★★　味觉享受：★★★★★　操作难度：★

韭菜煎饼

TIME 8分钟

菜品特点
色香诱人
快速简便

● **主料：** 韭菜 180 克，白面粉 100 克

● **配料：** 精盐 3 克，鸡蛋 150 克、植物油 80 克，酱油 30 克

操作步骤

①将韭菜去死叶洗净，切末；鸡蛋磕在碗里，搅匀。

②在韭菜里加入精盐、鸡蛋、酱油、白面粉、适量的水拌匀做成面糊。

③在平锅里倒入植物油，用中火烧热，将调好的面糊放入锅中用勺子均匀按压，让其成为饼状，煎成黄颜色即可食用。

操作要领

韭菜应摘去顶部和底部的死叶。

营养贴士

韭菜具保暖、健胃的功效，其所含的粗纤维可促进肠蠕动，能帮助人体消化。

● **主料：** 牛肉 200 克，鲜切面 500 克，泡椒 13 克

● **配料：** 姜末 20 克，蒜末 2 克，菠菜 30 克，花椒 1 克，生抽 10 克，老抽 5 克，白糖 1.5 克，精盐 3 克，香葱 4 克，红椒 8 克

操作步骤

①将牛肉洗净后，切小块，焯水后捞出；红椒、香葱洗净切段；菠菜洗净。

②锅内放油，加牛肉、花椒、姜末、蒜末炒香，再加红椒、生抽、老抽翻炒，至牛肉熟透时盛起。

③锅中加入开水，再倒入准备好的泡椒，水沸后下入切面，加入精盐、白糖；待开后加 30 克水，重复两次，加入菠菜，待水第三次开后将面、蔬菜、部分面汤盛入碗内。

④将炒好的牛肉、红椒等倒在面条上，撒上香葱即可。

操作要领

加少许花椒炒牛肉，味道会更香。

营养贴士

牛肉蛋白质含量高、脂肪含量低、味道鲜美，享有"肉中骄子"的美称，非常受人喜爱。

视觉享受：★★★★★　味觉享受：★★★★★　操作难度：★

泡椒牛肉面

TIME 8分钟

菜品特点
软糯适口

和风荞麦面沙拉

TIME 15分钟

视觉享受：★★★★★
味觉享受：★★★★★
操作难度：★★

菜品特点
口感滑嫩
独特香味

- **主料**：荞麦面 150 克
- **配料**：胡萝卜、黄瓜、葱各适量，和风沙拉酱材料：橙醋 200 克，沙拉油 50 克，醋 25 克，黄芥末粉 12 克，精盐 4 克，细砂糖 3 克，胡椒粉 5 克，苹果 20 克，洋葱 15 克

操作步骤

①苹果去皮、去籽，磨成泥取果汁；洋葱（留少量切丝备用）磨成泥取汁液；胡萝卜、黄瓜切丝；葱切花。

②将苹果汁、洋葱汁等材料混合均匀即做成和风沙拉酱。

③锅烧开水，下入荞麦面，煮熟，捞出放入碗中，放凉，将做好的和风沙拉酱浇在上面，撒上胡萝卜丝、洋葱丝、黄瓜丝、葱花，吃时拌匀即可。

操作要领

做洋葱汁时大概取 1/4 颗洋葱大小的部分来取汁液，其余部分切丝。

营养贴士

荞麦中含有丰富的赖氨酸成分，铁、锰、锌等微量元素比一般谷物丰富，而且含有丰富膳食纤维，所以荞麦具有很好的营养保健作用。

视觉享受：★★★★★ 味觉享受：★★★★★ 操作难度：★

苹果牛奶粥

TIME 20分钟

菜品特点
色泽鲜艳
营养丰富

⊃ 主料： 苹果、胡萝卜各25克，牛奶100克，大米100克

☞ 配料： 白糖适量

操作步骤

①胡萝卜、苹果洗净，切小块；大米淘净。

②锅置火上，注入清水，放入大米煮至八成熟，放入胡萝卜、苹果煮至粥熟即成，倒入牛奶稍煮，加白糖调匀即可。

操作要领 ◀◀◀

大米在煮之前也可以放入清水中浸泡一段时间。

☞ 营养贴士

此粥具有降低胆固醇、防癌抗癌、促进胃肠蠕动等功效。

⊃ 主料： 绿豆凉粉300克，黄瓜100克

☞ 配料： 豆豉酱15克，精盐、醋、辣椒油、蒜末、白芝麻（熟）、花生碎、花椒粉各适量

操作步骤

①绿豆凉粉切成长条，浸泡在水中；黄瓜洗净切成丝。

②取一小碗，加入精盐、豆豉酱、醋、辣椒油、蒜末、白芝麻、花生碎、花椒粉拌匀，调成汁。

③将凉粉捞出和黄瓜丝放在碗中，调好的汁浇在凉粉上即可食用。

操作要领 ◀◀◀

凉粉切完后要泡在水中，否则会粘连在一起。

☞ 营养贴士

绿豆凉粉中含丰富的胰蛋白酶抑制剂，可以减少蛋白分解，从而保护肝脏和肾脏。

视觉享受：★★★★★ 味觉享受：★★★★★ 操作难度：★★

芝麻拌凉粉

TIME 15分钟

菜品特点
清热解暑
滑嫩爽口

三丝春卷

菜品特点
色泽美观
酥脆上口

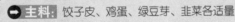

主料： 饺子皮、鸡蛋、绿豆芽、韭菜各适量

配料： 水淀粉、精盐、粉条、油各适量

操作步骤

①将绿豆芽掐头去尾洗净切碎；粉条温水浸泡至软捞出切碎；韭菜择洗干净切碎；鸡蛋打散放油锅中摊成蛋皮切碎。将所有菜碎入锅中加少许精盐略炒，盛出待冷却备用。

②将饺子皮擀成薄片，放上炒好的馅料，先卷起一边，再将两边向中间折起，卷向另一边形成长扁圆形的小包，用水淀粉收口，包成春卷，排入盘子。

③锅置火上油烧至七成热，转中火将包好的春卷逐一放入，炸至表面呈金黄色捞出，沥油装盘。

操作要领

炸的火候要掌握好，不要用大火，以免炸焦。

营养贴士

春卷有迎春之意，是春节宴席上不可少的佳肴。

视觉享受：★★★★★ 味觉享受：★★★★★ 操作难度：★★

湖南米粉

TIME 10分钟

菜品特点
类和入味
爽滑有劲

主料： 米粉 150 克

配料： 榨菜丝、肉丝、葱花、精盐、味精、酱油、杂骨汤、辣椒粉、熟猪油各适量

操作步骤

①肉丝、榨菜炒香，加杂骨汤，焖熟，待用。

②取碗放入精盐、味精、酱油、干椒粉、杂骨汤、熟猪油调成汁待用。

③锅烧开水，下入米粉，烫熟，捞出放入碗中，加肉丝、调汁，撒上葱花、辣椒粉即成。

操作要领

米粉下开水烫熟即可，不要煮太久，否则就会影响爽滑的口感。

营养贴士

米粉是以大米为原料，经浸泡、蒸煮、压条等工序制成的条状、丝状米制品，依口味加上汤汁与配料，营养又开胃。

主料： 山药 400 克，威化纸 1 张

配料： 白糖 20 克，色拉油 200 克

操作步骤

①山药洗净打成茸，加入白糖拌匀，用威化纸包起，卷成卷。

②锅内加油烧至五成热，放入包好的山药卷炸至上色捞出即可。

操作要领

油温不要过热，以免炸焦。

营养贴士

此点心具有消渴生津、补中益气等功效。

视觉享受：★★★★★ 味觉享受：★★★★★ 操作难度：★

山药卷

TIME 15分钟

菜品特点
外酥里嫩
香甜可口

TIME 20分钟

菜品特点
香味透人

咖喱炒米粉

视觉享受：★★★★★
味觉享受：★★★★★
操作难度：★★

● **主料：** 干米粉 250 克

● **配料：** 色拉油 30 克，吐司火腿 2 片，鸡蛋 1 个，洋葱丝 18 克，红甜椒丝 15 克，青椒丝 20 克，咖喱粉 8 克，精盐 5 克，细砂糖 1 克，熟白芝麻适量

操作步骤

①干米粉入滚水中汆烫，捞出盛盘，另以一盘覆盖，焖透后剪短备用；将鸡蛋摊成鸡蛋饼，切丝；吐司火腿切丝，备用。

②热锅内倒入色拉油，放入洋葱丝、咖喱粉炒香，加入青椒丝、红甜椒丝，以小火炒 2 分钟。

③在吐司火腿丝中加入水、精盐和细砂糖调味放入锅内，最后放入烫熟的米粉炒至水分收干，撒上炒

好的鸡蛋丝、熟白芝麻即可。

操作要领

配料中可以依自己喜好换其他配料，鸡蛋可以换做虾仁，也可以放上一些绿豆芽等。

营养贴士

这道主食除米粉外又加入多种配料，营养更加均衡。

视觉享受：★★★★★　味觉享受：★★★★★　操作难度：★

红枣首乌芝麻粥

TIME 20分钟

菜品特点
制作简单
营养保健

主料： 大米 100 克，何首乌 30 克，黑芝麻 20 克，大枣 50 克

配料： 水、冰糖各适量

操作步骤

①大米淘洗干净；何首乌放入砂锅内，加入适量清水，中火煎煮，去渣留浓汁待用。

②将大米、黑芝麻、大枣、冰糖放入锅内，倒入何首乌汁，加适量清水，用大火烧沸后，转用水火煮至米烂成粥。

操作要领

何首乌要用中小火煎煮。

营养贴士

此粥具有益肾抗老、养肝补血等功效。

主料： 牛胸肉 200 克，江米 300 克

配料： 植物油适量，精盐 3 克，鸡精、胡椒粉各少许，花椒油 20 克，干淀粉 10 克，香料包（花椒 2 克，八角、桂皮、茴香各 3 克，丁香 1 克）

操作步骤

①锅中放牛胸、适量清水、香料包烧开，改小火卤制八成熟时捞出，稍晾后切成小条。

②江米用温水浸泡 3 小时，控干水后，拌入精盐、鸡精、胡椒粉、一半花椒油，调匀。

③牛胸条拍干淀粉，裹满香米放入蒸笼中，大火蒸制 40 分钟后装盘。

④锅中放植物油和剩余花椒油烧热，起锅浇到蒸好的牛胸肉和江米上即可。

操作要领

也可在蒸笼底铺些粽叶，从而带入清新的粽叶香味，更添美味。

营养贴士

牛胸肉营养价值很高，具有滋阴壮阳、益精补血的功效。

视觉享受：★★★★★　味觉享受：★★★★★　操作难度：★★

牛胸蒸江米

TIME 数小时

菜品特点
肉质香嫩
江米软糯

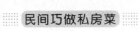

手撕饼

TIME 10分钟

菜品特点
口感酥软
美味可口

视觉享受：★★★★★
味觉享受：★★★★★
操作难度：★

 **主料：** 面粉适量

 配料： 色拉油、辣椒粉各适量

操作步骤

①用温水把面先做成面穗状，把面盖起来避免表皮发干，醒10分钟左右，取出放在面板上，分割成大小合适的剂子。

②将分好的剂子擀开，在上面抹色拉油和辣椒粉。然后像折扇子一样，把面皮折起来，再从一端卷起来。将面皮卷好之后，尾端塞入底部，少沾面粉，将面皮按扁，擀成手撕饼面胚备用。

③煎锅放火上，锅热倒入少许色拉油，放入面胚烙制，一面变成金黄色后，翻面烙另一面。可以用锅

铲不停地转动饼并轻轻敲打，使饼随着敲打层次更加分明。

④两面金黄时饼便熟了，出锅即可。

操作要领

经过锅铲敲打的饼，层次分明，轻轻一抖，能松散开。所以这步不能省略。

营养贴士

此饼制作简单，口感酥软，适合做早餐。

视觉享受 ★★★★★ 味觉享受 ★★★★★ 操作难度 ★

桃酥

TIME 40 分钟

菜品特点
口感酥糖
营养丰富

主料：低筋面粉 200 克

配料：橄榄油 110 克，白糖 50 克，全蛋液 30 克，生核桃碎 60 克，泡打粉、小苏打各适量

操作步骤

①将生核桃碎放置在铺了油纸的烤盘上，放入预热 180℃的烤箱中层，烤制 8~10 分钟。

②将橄榄油、全蛋液、白糖混合搅拌均匀，将低筋面粉、泡打粉、小苏打混合均匀过筛，放入其中，将烤过的核桃碎倒入面团中，翻拌均匀。

③取小块面团，揉成球按扁，放入烤盘，依次做好所有的桃酥，刷上蛋液，送入预热 180℃的烤箱中，烤 20 分钟左右至表面金黄即可。

操作要领

揉好的面团不能太干，必须是比较湿润的感觉，烤出来的桃酥才会够酥。如果揉好的面团较干，需要适量添加些植物油。

营养贴士

核桃仁味甘、性温，含有大量脂肪油、蛋白质、碳水化合物等，具有补肾助阳、补肺敛肺、润肠通便等功用。

主料：小米、面粉各适量

配料：鸡蛋 50 克，蜜糖 15 克，猪油 15 克，香油适量

操作步骤

①小米与水按 1:1 煮成饭，然后用筷子搅散，再盖上盖保温焖一会儿。焖好的小米饭与面粉、鸡蛋、猪油、蜜糖混合，用筷子搅拌出黏性。

②热锅，撒上香油，油热放上小米混合物，用勺子按成饼形，盖上盖子小火煎，中间转动饼几次，使饼的各部分受热均匀。煎到饼的表面颜色变深时证明已经煎透了，小心地给饼翻面，再煎一会儿即可。

操作要领

根据个人喜好，可以淋上炼乳，自己搭配喜欢的水果。

营养贴士

此饼具有滋阴养血、防治消化不良等功效，尤其适合老人、病人、产妇食用。

视觉享受 ★★★★★ 味觉享受 ★★★★★ 操作难度 ★

小米饼

TIME 20 分钟

菜品特点
色泽金黄
美味健康

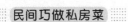

小米发糕

TIME 100 分钟

菜品特点
醇软可口
香气宜人

视觉享受：★★★★★
味觉享受：★★★★★
操作难度：★

 **主料：** 面粉 900 克，小米面 300 克

 配料： 酵母粉 5 克，葡萄干、玉米粒各适量，牛奶 250 克

操作步骤

①用面粉、小米面、酵母粉、牛奶和面，发酵 1 小时左右。

②在发好的面团内加入葡萄干、玉米粒，将面团揉匀，做成圆形；静置 10 分钟左右，使其再发酵；发好上锅，蒸 30 分钟，出锅后切成块即可。

操作要领

一定要发酵好之后再蒸。

营养贴士

此主食富含磷、铁、钙、脂肪、维生素 B_1、维生素 B_2、胡萝卜素、尼克酸及蛋白质等，适宜孕妇和缺铁性贫血患者食用。

视觉享受：★★★★★ 味觉享受：★★★★★ 操作难度：★

肉夹馍

TIME 60分钟

菜品特点
松软可口
美味多汁

- **主料：** 面粉 350 克，带皮五花肉 500 克
- **配料：** 植物油 15 克，姜片、葱段、冰糖、老抽、生抽、料酒、桂皮、八角、草果、小茴香、豆蔻各适量

操作步骤

①面粉和成面团，发好后醒 10 分钟；醒好后分成小剂子，每个剂子揉圆再醒 5 分钟，然后擀成 0.6 厘米厚的圆饼；中火烧热平底锅，将饼坯放进去烙熟。

②带皮五花肉入滚水中汆烫 5 分钟，捞起冲净切大块；炒锅入油，加碾碎的冰糖小火炒黄，转大火放五花肉翻炒至上色，放姜片、葱段、老抽、生抽炒至出油，放料酒、桂皮、八角、草果、小茴香、豆蔻炒出香味后，加水烧开转小火炖至肉烂即可。

③做好的五花肉捞起剁碎成丁，馍平切成夹子，夹入肉丁即可。

操作要领

剁肉时可以加点尖椒、香菜等，以丰富口感。

营养贴士

猪肉可提供血红素，能改善缺铁性贫血。

- **主料：** 糯米 300 克，大米 200 克
- **配料：** 艾蒿 50 克，红砂糖 200 克，白糖 100 克，草碱、菜籽油各少许

操作步骤

①将糯米、大米洗净，提前用清水浸泡 12 小时，洗净，再加清水磨成稀浆，装入布袋沥干水分，取出放入盆内揉匀，用手扯成块，入笼蒸熟。

②艾蒿去根洗净，用沸水煮一下（煮时放草碱少许），捞出挤干水分，倒入石臼中，捶成茸，加少许水；至艾蒿涨发吸干水分后，放入红砂糖，搅匀成糊状，放入米粉，加白糖揉匀。

③将艾蒿粉团装入方形的框内，按在案板上（注意抹清油）抹平，晾凉取出，切成所需形状。

④平锅烧热，放少许菜籽油，放入艾蒿饽饽生坯，煎至两面皮脆内烫至熟即可；或者再入笼蒸熟，最后盛盘，放上装饰即可。

操作要领

煎制时要用小火，受热要均匀，注意不要煎焦煳。

营养贴士

艾草有调经止血、安胎止崩、散寒除湿之效。

视觉享受：★★★★★ 味觉享受：★★★★★ 操作难度：★★

艾蒿饽饽

TIME 60分钟

菜品特点
外脆内糯
香甜可口

山药芝麻小米粥

TIME 30分钟

菜品特点
淡雅香甜
营养味美

 **主料**：小米 100 克，山药 50 克，黑芝麻 10 克

配料：葱花、水各适量

 操作步骤

①山药洗净切块，小米洗净后用清水浸泡 20 分钟。

②锅中放入清水和小米，水干后，煮 10 分钟，放入山药和黑芝麻，煮至山药熟透，撒上葱花即可。

操作要领

黑芝麻先用小火炒香。

营养贴士

黑芝麻具有延缓细胞衰老、美容、增加头发光泽度、保护视力等功效；山药具有健脾补肺、聪耳明目、助消化、强筋骨的功效。

视觉享受 ★★★★★ 味觉享受 ★★★★★ 操作难度 ★

如意韭菜卷

TIME 15分钟

菜品特点
松脆可口
香气扑鼻

主料： 鸡蛋 300 克，萝卜 60 克，芹菜 50 克，韭菜 100 克

配料： 植物油 100 克，精盐、面粉各适量

操作步骤

①萝卜洗净削皮切成丁；韭菜切碎；芹菜洗净切丁；鸡蛋打成鸡蛋液；面粉加水做成糊备用。

②将萝卜、韭菜、芹菜放入锅中，加少许精盐，一起炒熟。

③炒锅放油，鸡蛋打散，摊成一张蛋皮；把炒好的蔬菜放到蛋皮的一边卷起，注意卷紧。

④将卷好的蛋卷放到蛋液和面粉糊中滚匀。

⑤锅中烧油至七分热，把蛋卷入锅用小火炸，炸到颜色金黄后捞出；用厨房纸吸干油，切成菱形块，装盘即可。

操作要领

摊鸡蛋饼的时候，鸡蛋打的越散越容易摊薄。

营养贴士

韭菜有散瘀、活血、解毒的功效，有益于人体降低血脂、防治冠心病、贫血、动脉硬化。

主料： 特精粉 500 克，燕麦 100 克，枣泥馅 400 克

配料： 牛奶 300 克，酵母 5 克

操作步骤

①牛奶加热到 30 度左右，倒进酵母中，把酵母融化，静置 10 分钟。

②把特精粉、燕麦放入面盆中，慢慢倒入牛奶、酵母，边倒边搅拌成絮状，揉成光滑面团，发酵至两倍大，取出揉光排气，二次发酵 15 分钟，再拿出揉光。

③把面团均匀分成 12 个剂子，擀面皮，每个放入 30 克左右的枣泥馅团，收口，转圈整形。

④把蒸屉涂一层油防粘，放入枣泥包静置 15 分钟后，放进已经上汽的蒸锅中，盖好盖子，中火 15 分钟，再关火虚蒸 3 分钟即可。

操作要领

冬天温度低时，可以把面盆放到有热水的蒸锅里发酵。

营养贴士

燕麦片的膳食纤维含量丰富，可以帮助大便通畅，其丰富的钙、磷、铁、锌等矿物质有预防骨质疏松、促进伤口愈合、防治贫血的功效。

视觉享受 ★★★★★ 味觉享受 ★★★★★ 操作难度 ★★

枣泥粗粮包

TIME 100分钟

菜品特点
口感香甜

葱香鸡蛋软饼

视觉享受：★★★★★
味觉享受：★★★★★
操作难度：★

TIME 30分钟

菜品特点
香气四溢
利于消化

- **主料：** 鸡蛋 3 个，面粉 200 克
- **配料：** 葱花、精盐、植物油各适量

🐾 操作步骤

①将鸡蛋打入面粉中，根据口味放入适量精盐拌匀，再慢慢加入适量水，使面糊成为流动的糊状，再将葱花拌入备用。

②平底锅中倒入少许植物油，倒入适量面糊摊成薄饼，两面煎黄后出锅。

👍 操作要领

面糊不要和的太稠，要不然摊饼的时候比较困难。

👉 营养贴士

鸡蛋中含有大量的维生素和矿物质，还有高生物价值的蛋白质。

视觉享受：★★★★★ 味觉享受：★★★★★ 操作难度：★

鸡蛋蒸肉饼

TIME 15分钟

菜品特点
口感细嫩
多汁鲜美

主料： 鸡蛋200克，瘦肉150克

配料： 葱、淀粉、香油、精盐、鸡精各适量

操作步骤

①瘦肉洗净后切成大块，打碎成肉泥备用；葱切末；鸡蛋打成鸡蛋液搅匀。

②把肉泥和鸡蛋液混合，加水，用精盐、鸡精调味，加淀粉和成面饼状，放到盘中，上面淋香油，撒上葱末。

③上锅蒸25分钟左右，肉饼熟透出锅即可。

操作要领

做肉饼时加的水量大约为100克。

营养贴士

鸡蛋含有色氨酸、酪氨酸，可以帮助人体抗氧化。

主料： 羊肉200克，鸡蛋150克

配料： 红辣椒、葱末、植物油、蒜末、精盐、料酒、淀粉各适量

操作步骤

①羊肉切成肉蓉，放入精盐、料酒、淀粉腌渍；打鸡蛋，搅匀成鸡蛋液；红辣椒切丁备用。

②在炒锅中加植物油，油温七成热的时候把羊肉放进去，变色后马上拿出来沥干油。

③将葱末、蒜末放入鸡蛋液中搅匀，均匀地涂在羊肉上；煎锅倒油，把羊肉放到煎锅上，周围起泡的时候再翻面。

④煎好后装盘，用红辣椒末点缀即可。

操作要领

煎鸡蛋的时候要用小火。

营养贴士

羊肉对肺结核、气管炎、哮喘等一些虚寒病症有很大的裨益。

视觉享受：★★★★★ 味觉享受：★★★★★ 操作难度：★★

锅塌羊肉饼

TIME 30分钟

菜品特点
香气扑鼻
制作简单

花蒸肉饼

TIME 40分钟

菜品特点
软糯美味
利于入口

视觉享受: ★★★★★
味觉享受: ★★★★★
操作难度: ★★

➡ **主料**: 芒果 100 克，瘦肉 120 克，豌豆 10 克

➡ **配料**: 姜末 10 克，精盐 4 克，味精 5 克，胡椒粉、洋葱、豌豆、干生粉各适量

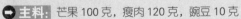

🔄 操作步骤

①芒果去皮取肉切丁；瘦肉剁成泥；豌豆洗净，焯水后捞出；洋葱切片备用。

②瘦肉用碗装上，调入精盐、味精、姜末、胡椒粉、干生粉，打至起胶，倒到碟内成饼形，上面撒上芒果丁、豌豆待用。

③蒸笼烧开水，放入肉饼，用旺火蒸 8 分钟拿出，周围用洋葱片点缀即可。

🔊 操作要领 ◀◀◀

猪肉要以三分肥，七分瘦的肉为最佳。

👉 营养贴士

豌豆所含的止杈酸、赤霉素和植物凝素等物质，有抗菌消炎，增强新陈代谢的功能。